大展好書
好書大展

大展好書 好書大展

婦幼天地
43

胎兒革命

鈴木丈織／著
劉 小 惠／譯

大展出版社有限公司
DAH-JAAN PUBLISHING CO., LTD.

前　言

人類具有夢想、願望。每個人都會綻放特有的心靈光輝。

真是十人十色、百人百樣。

仍有令人不可思議之處，儘管衆人皆有不同，卻有萬國共通的願望存在。也就是，母親對即將誕生之孩子的願望。新生命在女性體內萌芽時，所有女性都不例外，有一類似的願望，一個超越時空，共通的願望……。

「希望誕生時身體健康，能穩健充實地成長，同時得到無窮盡的幸福。」

所有的母親都有這樣的願望。

不論是妊娠期間的母親、正在孕育子女的母親，或是教養子女任務已經結束的母親。所有母親都有共同的願望，這是男性無法了解的世界觀，只存在於母子間強烈的共通願望。

包括父親在內，當父母這個代名詞出現時，父母的存在似乎是為了使子女得到幸福。原本只擁有自己個性的個人，父母的共通項目是，為子女的存在而存在，成為擁有共通願望而存在。子女的存在可說是父母得到幸福的根本。父母子女互相產生影響，成為生命的繫絆，創造幸福。

但是……。

不論是誰，都希望孩子得到幸福，不管是誰，都會溫柔慈祥地孕育子女，但孩子成長後，有時卻有一些不幸的事情在等待著。

我的專長是犯罪學、犯罪心理學。不是幼兒教育，也不是育兒教育。可以說，這是與我無緣的學問。

社會上，經常有些令人不忍卒睹的事件不斷地發生。犯罪會長期間對相關者產生超出想像的不幸與悲傷的作用。

從出生前到成長為止的期間，不，即使成長結束後，父母還是希望子女得到幸福、遠離不幸。當子女成為父母時，也會擁有共通的願望，而形成生命的繫絆。人的形成與出生，的確是以「愛」和「幸福」佔其環境的大部分。但是，為什麼人類仍會朝著不希望的方向走呢？

對於研究犯罪心理的我而言，當然會產生這種單純的疑問。

解決這些疑問時，不能將焦點集中在犯罪者的某個期間或一部分，應該追溯到孩提時代、幼兒期、嬰兒期，甚至胎兒期。也就是說，必須研究這個人的「一生」才行。亦即，從人類生命的形成到結束為止，所有追求的一切，都會形成不可解的全人格。

為了使只有一次的人生能夠幸福地活著，必須從最初期開始了解人類，基於精神分析、實存分析學的立場，開始探討人類。這個探討之集大成的「父母學」，「父母學」則成為育兒問題。「父母學」從建立人類的幸福開始，藉著父母單純的祈禱，持續孕育子女的學問。在此，主要是以胎兒期的育兒為主，為各位敘述，接下來的父母學、育兒革命系列的『母親革命』與『嬰兒革命』，也是基於同樣的主題敘述。

承蒙將小小的疑問培養成我畢生事業之臨床心理學的樋口勝也（櫻聖母女子短大教授）、語言學家高橋啟悅、自律訓練學的岸本隆子、教育心理學的氏家達夫（福島大學教育學部教授），以及日本人性心理學學會、日本心理學學會，還有提供很多建議和情報之美國大學的恩師及朋友們的幫忙，在此深致謝意。

此外，積極協助我進行問卷調查的幾千位母親，以及對我們的活動不斷支持的池森賢二，和進行龐大資料整理的鈴木央子等人，在此也一併感謝。

作者　鈴木丈織（Dr・喬治）

目錄

第２章　胎兒的成長與腦的發達

第3章　對胎兒而言舒適的胎內環境

第5章　母親的心意會傳達給胎兒了解

第6章　誕生是從樂園中被趕走嗎

第7章　脫離母胎是育兒最初的關卡

第1章

胎兒聽得到　感覺得到　知道一切

■為何知道英文？

出生後三個月時，原本只會發出哭泣聲的嬰兒，開始學「啊、嗚」等的發聲，隨著月齡增加，發聲也增多。

這就是所謂的「喃語」。各位可能會認爲「喃語」是沒有意義的話，但事實上，卻是來自嬰兒的訊息。其證明是，當周圍的大人配合嬰兒的喃語一起發聲時，嬰兒會持續長長的發聲。此外，當周圍有很多人在時，「喃語」就更多了。

在這之後就展開所謂的「手指行動」。因爲無法用語言溝通，因此用手指示，希望能達到溝通的效果。可說是一種身體語言，是詞彙的代用品。

當大人將這些行動轉換爲詞彙時，嬰兒也漸漸學會了詞彙。

嬰兒溝通的方法是「喃語」或「手指行動」，將其更換爲詞彙的是周圍的大人，這時大人當然會使用母語。因此，在日本出生的嬰兒會說日本話，在其他國家出生的嬰兒則學會自己國家的語言。

這就是我們學習語言的概念。

模仿周圍的人所使用的語言，就形成嬰兒的語言……。

但是出生後一年的孩子，如果口齒不清，說出的話是他國語言的話……。

也許你認爲根本不可能有這種事，但事實上卻出現了幾個例子。

K夫婦的女兒出生後剛過了一年，早上起床時，

「早安。」

對她這麼說時，她一定會說：

「古蒙。」

K先生夫婦都是純粹日本人，所使用的語彙是日本話，所以不了解她所說的意義。但是每當父母說「早安」時，女兒都會說「古蒙」，而且臉上露出笑容，反覆地說「古蒙」、「古蒙」。

雖然覺得不可思議，但認爲這只是幼兒語。更令人覺得不可思議的是，由於她很喜歡吃蘋果，從桌上拿起蘋果的她會說：「阿剖、阿剖。」

「這不是阿剖，這是蘋果。」

雖然母親教她好幾次，她仍然只會說「阿剖」。

「吃蘋果嗎？」

就算這麼對她說，正忙於遊戲的她卻不了解父母的意思。可是，對她說「吃阿剖喔！」她又會放下玩具跑過來。

K夫婦思索著。難道孩子說的是英文嗎？「古蒙」就是Good morning.「阿剖」就是蘋果的意思……。

「如果眞是這樣，難道孩子是美國人或英國人轉世投胎而來的嗎……？」

父母當然會這麼想。因爲父母並沒有說英文，孩子爲什麼會說英文呢？

像這樣的例子還有很多。

U夫妻的長男Y將近二歲時，語彙不斷增加，能藉著語言和父母溝通時，有一天，母親陪著他過著悠閒的午後時光。

「弟弟，今天和你一起玩的朋友叫什麼名字啊？」

記不住朋友名字的Y正歪著頭想，母親爲了讓他早點記住而問他。這是母子間常有的談話。

但是Y脫口而出的卻是：

「John、Bobby、還……，還有……Shon……」

Y所說的全都是外國人的名字。

「你說誰啊？」

「我的朋友啊！」

「不對。今天和你一起玩的是大介、阿徹、一野。沒錯吧！」

「不對，不對！」

爲什麼Y會使用從來沒有聽過的英文呢？

■被認為是投胎轉世的言語行動

最近經常聽到關於前世的話題。難道他們的前世是英語圈的人嗎？還是外國人投胎轉世而來呢？我並不準備討論投胎轉世的問題。這些由宗教家去談論吧！但是爲什麼會產生這種現象呢？在可以論證的範圍內，我想嘗試一番。

調查先前所舉的例子，發現的確有理由使孩子們將某些記憶轉換爲語言。

首先是出生後一年會說英文的女孩。女孩還在母親腹中時，母親隨著在商社任職的丈夫一起到美國就職。母親也會說英文，停留在美國期間，幾乎很少說日本話，只有夫妻間的短暫談話才會使用日文。懷孕過程大都處於這種狀況下，整個懷孕過程非常順利。肚子漸漸大了，但丈夫的赴任期間還有半年，沒有辦法回國。

到底要讓孩子在美國或日本出生呢？夫妻倆感到非常煩惱。仔細考慮後，決定讓孩子在日本出生，於是在妊娠八個月時回國。因此，嬰兒在日本的醫院出生，後來就過著與英文無緣的生活，只使用日文。育兒時母親也全都使用日文。因此，我認爲可能是她在媽媽肚子裡時聽英文而成長，並且記憶了這些英文。

只會說外國名字的Y也是同樣的情形。Y所說的名字全都是他在外資公司服務的父親的朋友們。Y在胎兒時代並沒有在海外生活的經驗，但是出入家中的都是外國人。母親也學習英文，所以我想，她會和肚中的Y用英文談話。

Y出生後不久，父親隻身到海外工作，後來外國人也很少來訪，過著只說日文的生活。所以，我認爲Y在母親肚子裡時，就已經記住了這些英文名字。

「怎麼可能呢？」也許你會這麼認爲。但是，這些父母雖然覺得不可思議，也承認，「除了認爲在腹中時聽過、記憶過，沒有其他原因了……。」

對於目前的醫學、科學完全否定的胎兒期的記憶……。你相信嗎？

■在母親胎內「學會英文」的女孩

當我這麼說時，也許很多人認爲「怎麼可能呢？」這是理所當然的反應。因爲完全不具有科學的論證。我原本也認爲「怎麼可能」，但是，事實勝於雄辯。實例具有說服力，因此我必須藉著實例加以檢證。

爲什麼我會認爲「怎麼可能呢？」以下稍微說明。這是因爲根據很多研究證明，幼兒獲得語言的能力的確非常快速，但同時也證明，與獲得能力成正比的就是很容易遺忘。

例如，在英語圈度過嬰幼兒期的孩子，在當地很會說英文，但是歸國後就逐漸忘記。像我一個朋友的孩子，到美國念幼稚園，可是三歲時，爲了參加祖母的葬禮，和母親一起回國二個月，再回到美國時，英文幾乎都忘光了。

即使在英語圈，於學齡前歸國，如果這些孩子的父母不說英語，孩子成長時，也不會有特別優秀的英語能力。

所以，即使在母親的肚子裡聽過英文而成長，出生後如果處在父母完全不使用英文的環境下，所使用的語言當然不可能是英語。即使在胎內學會英語，出生後到會說話之前，恐怕英語全都忘光了。

先進的醫師或心理學家中，也有人提出反駁的理論。他們認爲語言的獲得是從胎兒時期開始的。例如，曾經成爲話題的『胎兒看得見』這本書中描述，四歲大的法國自閉症少女，利用法語爲其治療時，幾乎無法展現治療效果，但是用英語進行治療時，卻得到很好的效果。

「不到一個月的時間內，會側身傾聽他人說話，自己也開始說話了。」

這的確是駭人聽聞的事情。父母、兄弟、周圍的人只會說法語，爲什麼小女孩對法語沒有反應，而對英文特別有反應呢？事實上，女孩的父母說：

「母親懷孕期中，在巴黎的某貿易公司工作，這個公司中只說英語。」

於是，T．巴尼醫師的結論是，

「語言的基礎在胎內已經形成。」

看到此處，相信各位認爲前述會說英語的日本孩子之例也是如此吧！但是法國女孩的故事和日本孩子的故事似乎有點不同。

法國女孩是「對於英語這種語言有特別的反應」，但在「自己開始說話時」，所說的話到底是英語或法語就不得而知了。經由後來記載「每當說英語時，自閉症就痊癒」，但未明確記載說英語的是該名女孩或是諮詢顧問。如果是她側身傾聽周圍的人所說的話，那麼周圍的人應該是說法語吧……。如果情形是這樣，和日本的孩子爲例相比，會明顯說出英語的例子就似乎不同了。

■語言的基礎是在胎內形成的嗎？

胎內會進入很多聲音。有母親體內的聲音，也有來自外界的聲音。在這麼多的聲音中，即使能記住母親和周圍人的談話語言，這個記憶在誕生後也無法持續到孩子能說話爲止……。

這是現代醫學和心理學的想法。

但事實上，能夠一直記憶的實例的確出現了幾個……。這些例子絕非僞裝或做假的例子。因此……。

T．巴尼醫師們認爲「語言的基礎在胎內已經形成」，但形成的是基礎，並不是語言本身，而是「語言所擁有的聲音」、或是「胎兒時期經常聽的聲音，會讓人覺得舒服」。這個舒適的感覺，就成爲打開自閉症少女心扉的關鍵。

與此相比，日本孩子的情形則是，在胎兒期已經聽過的語言已被當成一種明顯的語言記下來了。

如果觀點不同，也許認爲這是相同的現象。以日本的孩子爲例，在胎兒期聽到英語記下來並沒有說出來，但熟悉英語的聲音，這個聲音成爲他感覺舒適的記憶，而在語言發達的階段，就進行將其轉換爲英語的作業吧！

幼兒最初所說的話大都是用手指著食物說「姆」，儘管如此，像一切容易發聲的喃語「姆、姆、姆」的聲音，大都會由周圍的大人轉換爲「姆姆、姆姆」，因此他就了解食物就是「姆姆」。因此，在嬰幼兒時期將所說的聲音轉換爲話語而成立的是周圍大人的幫忙，藉由周圍大人的認識，當然會說英文、會說日文。

但是會說周圍人未使用的語言……，從這個意義來看，當成溝通手段最初所使用的語言，既不是英文、也不是日文，甚至是周圍人都不使用的語言。

二歲三個月大的M很喜歡車子，對車子很感興趣，每當看到車子雜誌時，他幾乎會說所有車子的廠牌。不過卻是以他自己的方式表達，其他人不見得能了解。例如日產車說成「嗒嗒嗒」，而豐田車說成「匹匹匹」，松田車稱爲「叭叭叭」。如果母親不加以解釋，則完全不知道他在說什麼。

由此可知，最初的語言既非日文也非英文。也許是我們不了解的一些語言。在聽的時候如果不具有這些語言的知識就無法解釋，而視爲是單純的喃語或幼兒語，然後再以母語轉換而加以解釋。如果此時母親了解孩子所說的語言……。

像說英文的日本小孩，因爲父母會說英文，也許就能從幼兒所說之不明意義的話語中聽出是英文。孩子聽到英文的發音時，覺得很舒服，也許就更習慣說英文，而做英文的發音。如此一來，就知道二則例子有共通點。也就是「胎兒期形成的語言基礎」，與其說是語言，還不如說是語言所具有的「聲音」，也就是一種「音樂」。進入胎內的諸多聲音中，也許語言所發出的聲音成爲胎兒覺得舒適的聲音而輸入胎兒的記憶中吧！

■胎兒已經不是白紙狀態了嗎？

嬰兒初生時，像一張白紙一樣，隨著出生後的各種刺激而逐漸染上色彩，具有個性。但是，嬰兒眞的是不具有個性而出生的嗎？

如果眞是這樣，所有新生兒應該都是同樣哭泣、同樣睡覺才對。事實上，哭泣的方式不同，吃奶的方式也不同。

根據很多研究結果指出，剛出生的嬰兒好像知道自己是人類似的，會注意人類的臉。即使是出生一週後的嬰兒，對於圍繞其身旁的各種事物和人類的臉都能加以區別，對人類的臉會產生特別的反應。據說人類的臉和聲音是嬰兒最喜歡的。尤其是臉上，大都會觀察嘴的動作，其次會注意到陰影非常明顯之額頭的髮際，這是根據報告而得知的事實。

更驚人的報告是，大人在嬰兒可見的範圍內伸縮舌頭時，剛出生一週的嬰兒也會作模仿的動作。模仿大人的能力急速發達，到了二～三個月大時，會觀察大人生氣的臉、笑臉，而逐漸開始模仿。

也有這樣的實驗。準備二台電視和錄影機。一邊播出的是聲音與嘴巴動作一致的畫面，另一邊則播放不吻合的畫面。這時嬰兒大多會觀察嘴巴動作與聲音一致的畫面。

也就是說，嬰兒絕非以白紙的狀態出生。已經記憶了某些情報，已經具有意識而出生。認知自己是人類，對於人類發出聲音的嘴，或表現感情的表情等認識，如果未具備，當然無法展現這些行動。甚至有人說，運動機能不足的初生兒由於對生存產生意識，而展現這些行動。

的確，嬰兒可能了解，如果能迅速與保護自己的人類緊密結合，就能獲得生命的安全吧！

如果這些行動是爲了生存而建立的系統，那麼，同樣是屬於生命體的嬰兒已經具備了共通的一切，才能展現這些反應。雖具有共通性，反應方式卻具有個別差異，在出生時可能就具有個性了，以此類推的研究非常多。

這些個性到底是何時建立的呢?也就是說，人格基礎什麼時候形成的呢?這的確是要探討的問題。如果出生時已具備某種程度的基礎，應該就是在胎兒期建立基礎的。

胎兒已具有選擇刺激，對於刺激產生反應的力量。從許多刺激中，認爲何者較爲舒適、何者感覺不快的選擇，在胎兒期已經開始，而逐漸形成嬰兒的個性……。

對於一些刺激會產生敏感反應的嬰兒，或是對極大刺激也不會產生反應的嬰兒都有，嬰兒出生後的表現各有不同。即使同樣是嬰兒，但臉和身體都不同。每個嬰兒都具備自己的個性而誕生。

■以往的「常識」認為胎兒沒有感覺、沒有自我

遺憾的是，對於胎兒的研究幾乎沒有辦法脫離假設或想像的範圍。因此，以往的「常識」，認爲在母親胎內沈睡的胎兒完全沒有感覺。

視覺、聽覺、觸覺、嗅覺、味覺等五覺，是隨著人類誕生而產生的，或是說在人類成長時逐漸獲得而成長的。在胎兒階段，並沒有稱爲感覺的感覺……，這種想法是以往的「常識」。以這種感覺爲基礎的某種自我，在胎兒期已經形成的說法，更是無法成立。

最近終於了解，嬰兒並非像白紙一樣出生。是具有個性而出生的，當然，支撐其個性

的感覺或自我，也發達到某種程度了。運動器官在胎兒階段已發展到相當好的程度。以發生學的觀點來看，光是運動器官發達，而感覺器官不發達的想法似乎有缺失。

當然，胎兒的感覺器官已發達到相當好的程度，感覺器官發達就能看東西、能聽聲音，同時也培養出感覺的能力了。

但是，到誕生的瞬間爲止，受到不認爲胎兒是人類的「常識」阻礙，世間並不認爲胎兒有感覺或自我存在。

最近也開始了解胎兒具有個人的權力，以這個解釋爲主流，在民法或稅法上也有關於胎兒的權力，但這些都是在胎兒出生時才發生的權力。

刑法上的人格認爲誕生後才發生。因此，如果殺死出生後的嬰兒，觸犯殺人罪；如果是胎死腹中，則不視爲殺人罪。像不小心跌倒的過失而導致腹中的胎兒死亡時，不認爲這是殺人的行爲。

也就是說，胎兒未出生時，不視爲人類看待，所以不算是殺人的行爲。亦即，刑法並未將胎兒納入人類的範疇中。這種概念就是因爲，不想承認胎兒具有人類的感覺和自我的社會要因所造成的。

■利用超音波診斷裝置觀察胎兒的面貌

婦產科學已經掀起了革命。利用超音波診斷的醫療器具而掀起了革命。使用這個裝置時，母親對於胎內胎兒的姿態能直接用眼睛觀察。直接用眼睛觀察胎兒的生活，這的確是推翻以往「常識」的作法。

胎兒感覺肚子餓的時候，就會開始吸吮手指。聽到某種音樂時，就會浮現笑容。進行條件反射訓練時，只要在母親肚子上加上些微的震動，就可以培養胎兒踢腳運動的習慣。

利用超音波診斷裝置進行觀察和實驗，發現胎兒的確具有感覺，且具有學習能力，甚至具備某種自我及意識。

也就是說，人類在胎兒階段就已經成爲人類了。

如此一來，孕育人類的育兒行爲應該在胎兒階段開始。不論父母是否自覺這一點，實際上，育兒的工作從胎兒階段就已開始。

育兒就是希望孩子變得更聰明、更健康、具有豐富的感受性，做出符合父母願望的行爲。經常聽說：

「人的一生由幼兒期的環境決定。」

這是弗洛伊德在科學進入人類的無意識世界中所產生之「育兒學」的發想。如果胎兒眞的具備感覺及學習能力，以及自我，則前述的內容應加以訂正。

「人的一生由胎兒期的環境決定。」

這才是育兒學的革命。

如果希望擁有聰明、健康、感受性豐富的孩子，則孩子在母親胎內時，父母，尤其是母親，一定要下意識地開始進行育兒工作。

本書將介紹各種胎兒革命的論題。首先，以最新婦產科學的研究成果，爲各位解說實際上胎兒在母親胎內聽到什麼、感覺到什麼、知道了什麼？

■胎兒喜歡具有節奏的音樂——胎兒的聽覺

首先，談談胎兒的聽覺。

胎兒的五感中，最發達的就是聽覺。根據最近的研究，胎兒的聽覺在妊娠六個月時就已經完成到相當好的程度了。

妊娠六個月後，可側身傾聽來自外界的聲音，在胎兒期就已經完成了聽覺。

子宮內絕對不是安靜的世界。事實上，有各種聲音從外部侵入子宮。例如，母親以外的聲音以父親的聲音最多。以白天工作的父親而言，與母親關係良好的鄰居或附近朋友的聲音聽得較多。但沒有人像父親這麼靠近母親身邊和胎兒說話，這是最大的聲響，腹中的胎兒也聽得到。

母親聆聽音樂時，音樂也會傳入子宮內。街上汽車的雜音也會侵入子宮內。有時會聽到母親因消化不良引起的咕嚕咕嚕的「不協和音」。

胎兒對於這些雜音都會豎耳傾聽。

在這些聲音中，對胎兒而言，最熟悉、最能產生安心感的聲音，就是母親的心音。咚、咚、咚、咚，有節奏的心音是胎兒最喜歡的。

不只是心音，類似心音，具有節奏的音樂也是胎兒喜歡的。聽音樂時，胎兒就好像聆聽母親的心音一樣，會產生安心感。

根據最近的研究，古典音樂，尤其是輕快、節奏明顯的音樂，最能使胎兒產生安心感的音樂。相反地，古典音樂中也有像貝多芬強烈節奏的音樂，胎兒聽到時會異樣的興奮。搖滾樂也是會令胎兒興奮的音樂。例如，妊娠中的母親聆聽音樂會演奏時，突然聽到大鼓聲或像搖滾音樂強烈的節拍傳入耳中時，胎內的胎兒會跳起來……。相信很多人都有這樣的經驗吧！也就是說，強烈的聲音會令胎兒興奮。

■胎兒喜歡的ＢＧＭ

各種聲音中，哪種聲音對胎兒是最好的呢？目前還無法完全了解。必須注意的是，人類在胎內所聽到的聲音，會記憶著而誕生。這是經由許多實證證明的事實。

如果妊娠中持續去聽一定的音樂，出生後的嬰兒再讓他聽這種音樂時，哭泣中的嬰兒完全停止哭泣的例子也曾出現。

此外，喜歡迪斯可的年輕夫妻，如果妊娠中也到迪斯可舞廳跳舞、在家中聽的也是迪斯可音樂……，那麼剛出生的孩子一聽到迪斯可音樂時，身體便很自然地，有節奏地擺動。

S夫婦是賽馬迷。胎兒在母親腹中時，母親和父親一起前往賽馬場。嬰兒出生後，即使再吵雜，只要聽到F1的聲音就能熟睡。出生後六個月時，帶他前往賽馬場，即使那裡非常吵雜，嬰兒也能熟睡。

住在機場附近的Y夫妻的孩子，對聲音非常敏感，一點點聲音都會使他嚇一跳，但是對於飛機的聲音卻完全不會產生反應。

某位天才音樂家，在孩提時代腦中就會不斷出現演奏特定練習曲的長笛聲音。他自己就告白過這種不可思議的經驗。

爲什麼不可思議呢？正如本書開頭介紹的女孩一樣。這個天才音樂家對於長笛並不特別感興趣，平時也置身於聽不到長笛聲的環境中。在幼少年時期，他關心的對象並不是長笛，而是小提琴。

進入音樂世界後，當然也不是深處於熟悉長笛練習曲的環境。自己也感到不可思議。成爲音樂家後詢問母親，才解答了這個疑問。原來尙在母親胎中時，母親學習長笛。但是母親並不具有特殊的音樂才能，因此只是反覆地練習同一首練習曲而已。

音樂家在胎兒時期的耳中，聽到練習曲後，已經形成一種記憶。出生後映在腦中的曲子，有時又會出現。出現時他會產生非常懷念的感覺，覺得很舒服……。這種小時候的經驗不斷累積，使他對音樂的世界感興趣，終於在這方面展現成果。

胎兒期聽到的聲音成爲記憶，留住記憶的現象，不只是音樂家，任何人都可能出現這種現象。即使普通人也能記住胎兒期聽到的聲音而出生。

其證明就是在某家醫院的婦產科，有許多熟睡新生兒的新生兒室，播放著人類心音代替ＢＧＭ。結果胎兒們吃得很好、睡得很好、呼吸活動旺盛、體重增加，且不易罹患疾病。胎兒期熟悉的聲音成爲ＢＧＭ，聽到時能使情緒穩定。由此可知，人類在胎兒期就能夠記住所聽到的聲音而出生。

■母親舔砂糖時，胎兒會拼命地吞羊水——胎兒的味覺

胎兒有味覺。我這麼說也許有的人會覺得很奇怪。但是胎兒的舌頭已經有味蕾了。味蕾是感覺味道的感覺器官。味蕾的誕生即表示胎兒的確感覺得到味道。例如，母親喝很多

砂糖水，而砂糖水進入羊水中，羊水也變得比平常更甜了。

胎兒經常呑羊水，吸收氧。藉著羊水呼吸，展現生理活動，羊水中含砂糖成分較多時，胎兒就會覺得「好甜喲！」而會呑比平常更多一倍的羊水，亦即，呑入更多的氧。相反地，如果含苦味成分增多時，胎兒呑羊水的次數會減少，不僅如此，還會伸出舌頭或皺著臉，產生「這眞難喝呀、不想喝」的拒絕反應。

這就證明胎兒的確具有味覺。

■摸冷水時胎兒會不舒服——胎兒的觸覺

胎兒所具備的感覺中，僅次於聽覺的就是觸覺，也就是皮膚感覺。妊娠六個月時，胎兒的觸覺已發展到與出生後一歲的孩子相同。

已有這樣的實驗結果。

讓孕婦喝冰水當然會使羊水的水溫下降，這時胎兒皺著臉，露出不愉快的神情。不僅如此——

「我不想待在這個寒冷的地方。」會不斷踢母親的肚子表示抗議（？）

我說「抗議各位也許會感到很驚訝。但我認爲胎兒的確具有傳達自我意思的高度意識存在。

如後面所叙述的，胎兒透過五感、透過運動器官，進行與母親的旺盛溝通。當然不是利用語言，而是藉著身體語言而進行溝通。

由這個意義看，羊水溫度下降時，胎兒踢母親肚子的行爲，就是一種抗議的行動。胎兒會抗議就是因爲不喜歡冰水。

相反地，胎兒喜歡的觸覺是溫柔的愛撫。

做醫學檢查時，撫摸胎兒的眼瞼，他會眯著眼睛感覺很滿足似的。撫摸唇時，他會做出吸吮器具的動作，表示他喜歡溫柔的愛撫。

由此可知，胎兒的觸覺已發展到相當的程度。

■新生兒會仔細看清子宮大小的範圍——胎兒的視覺

與以上所說明的聽覺、味覺、嗅覺相比，胎兒的視覺和嗅覺還不發達。其理由是，在胎內不需要視覺和嗅覺。

胎兒的鼻子只具有讓羊水通過的作用，根本沒有發揮嗅覺的餘地。

此外，胎兒定居在黑暗、狹小的「房間」裡，眼睛不需看東西。但並不是說視覺和嗅覺都完全不成長。的確在胎內不會發揮作用，但出生後必須立刻發揮作用，因此，也有視覺和嗅覺器官發達的痕跡。

其證明就是新生兒的視覺。最初完全看不到東西的新生兒的眼睛，後來會看到一些模糊的影像。最初只能辨識三十公分至四十公分遠的東西。更遠的東西大概在以後才能辨

心理測驗1

看起來像什麼
1. 小雞跳舞
2. 小狗的臉
3. 獅子的臉
4. 兒童用背包
5. 母鴿與小鴿

（結果請看 p49）

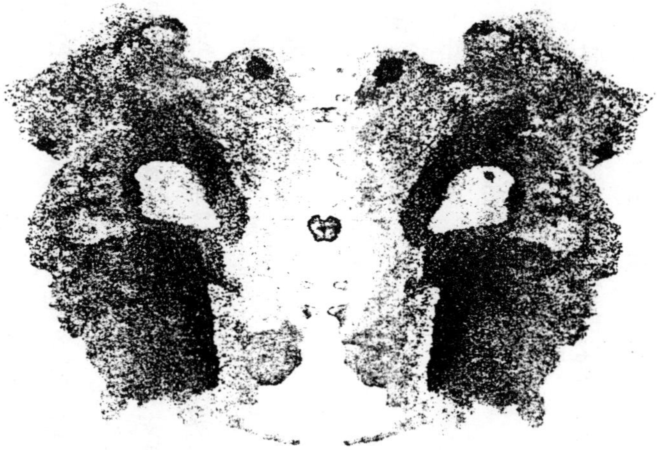

p189・心理測驗7的結果
1. 有點焦慮，要重新使心情開朗。
2. 可能因孤獨感而煩惱，但嬰兒會除去妳的煩惱感。
3. 就像俗語所說的追兩隻兔子結果一隻也沒得到的比喻一樣，不要太貪心。
4. 協助他人的妳也能得到周圍之人的協助。
5. 考慮周詳的妳，對於些許的事物不會怠忽準備。

識。爲什麼最初能辨識三十～四十公分遠的東西呢？因爲新生兒在胎兒時期所居住之母親子宮的大小，就是三十～四十五公分。也就是，胎兒期在胎內接受視覺的訓練，即最初能辨視的大小範圍。

視覺不光是藉由視覺器官的訓練而開發，可藉由聽覺的支持而開發。像先前所叙述的，胎兒聽到母親的聲音時感覺非常親切，並且記住這種親切的感覺而出生。

出生時還看不淸楚東西，就算看到，也不知道這種看到的狀態到底意味什麼？也就是說，腦子沒有辦法淸楚了解這一些。但是，

「來吃奶了！」

如果再加上在子宮中熟悉懷念的母親聲音時，

「呀！這是我最喜歡的人。」

就了解這一點，雖然不是眞的看到，卻覺得，

「呀！我能『看到』自己最喜歡的人。」

能夠擁有這樣的了解……。有了這種認識後，就能開發出視覺的感覺來。藉助其他的感覺，胎兒已經做好準備，讓視覺和嗅覺在出生後立刻發揮作用。

■由條件反射觀察胎兒的學習能力

先前已探討了胎兒的五感，也就是感覺的實態。接著繼續探討的內容，了解以這些感覺爲基礎的胎兒的智慧，能夠發揮何種作用……。

最初是胎兒的學習能力。

胎兒經驗事物，掌握所經歷的事物到底具有何種意義，並記憶下來。當同樣的事態發生時，應該展現何種行動，也會加以判斷，逐漸貯備這些學習能力。

以下舉例說明。

相信很多人都聽過帕布洛夫的狗這句話。在國中時代學習過。帕布洛夫這位生理學家利用狗進行條件反射的實驗。

這個實驗是餵狗吃東西的時候同時敲鈴。每當餵狗吃東西時，狗就會分泌唾液。

最初只是單純的餵食，而狗分泌唾液。但是，持續在餵食時同時敲鈴的行爲之後，犬就認爲餵食等於敲鈴。然後將因果關係完全逆轉，變成敲鈴等於餵食。最後，即使沒有餵犬吃東西，光是聽到鈴聲就會分泌唾液。也就是說，對敲鈴這個條件產生反射，是一種條件反射。

「狗眞是笨呀……。」請你不要這麼想。將敲鈴聯想成完全不同的餵食行爲，必須具備相當高程度的智慧才辦得到。

犬以下進化階段的生物・不具有這種學習能力。

和帕布洛夫的實驗同樣的，以胎兒爲對象進行實驗。給予母親腹部輕微震動，進行胎兒用腳踢母親腹部的訓練實驗。

在胎兒聽覺中也曾叙述過，胎兒對大鼓等大的聲音會興奮而踢母親的肚子。

接著觀察這個實驗，讓孕婦躺下，在其附近製造很大的聲響，同時對於孕婦的腹部給予產生不了害處，也不會使胎兒興奮的輕微震動。

在普通的狀態下，胎兒應該會若無其事地熟睡的震動，伴隨大的聲響時，胎兒就會興奮地踢母親的肚子。

重複幾次後，胎兒即使沒有聽到大的聲響，藉著微弱的震動，就會很興奮地踢母親的肚子。這就和帕布洛夫的狗的實驗相同。

條件反射訓練的結果，胎兒就會學習到，即使微弱震動的刺激，對自己而言都是一種不舒服的刺激。

這就顯示出胎兒具有好惡的情緒，並不是單純的生理反應。

會記住在什麼時候產生這種刺激，隨著這些記憶就會產生一種舒適或不舒適的感情。

雖然只是一種原始的階段，但是也證明智慧的活動和學習能力，在胎兒期就已經具備了。

■胎兒擁有意識或自我嗎？

根據條件反射實驗，已經了解胎兒具有學習能力。胎兒這種學習的機會，並不只限於先前介紹的實驗。不論是否人爲的方式，總之，實際上具有無數的學習機會。胎兒遇到這些機會時，就會學習一些事物，而逐漸形成意識。

「胎兒也有意識嗎？」

也許你會感到驚訝。當然並不是與大人同樣的意識。「意識」這個語彙很難定義，胎兒階段的意識，基本上只是「自己模糊的感覺到……」而已，與其說是感覺到，還不如說是自己覺得滿足或不滿意，可說是非常初步的一種動物意識的感覺。這些感覺會成爲表情，成爲動作而出現。這一連串的精神活動就是意識。所以，我可以說胎兒具有意識。

例如，當透過臍帶供給的養分供給不足時，

「我肚子餓了。」

胎兒就會做出吸吮手指的動作。這時如果將葡萄糖注射到母親體內胎兒就會停止吸吮手指的動作。這個動作就是「意識」自己「肚子餓」而展現的行動。如果透過母體補充糖時，便停止吸吮手指的動作，也就是「意識」到自己「吃飽了」，而展現的行動。

當然，這與利用語言掌握自我存在的大人意識是不同的。胎兒只是以「自己」爲基礎，對於外界的刺激產生對應而已。因此，也算是一種意識，並且能夠展現意識行動。

再舉個好的例子，就是夢。

夢是以人腦中的各種記憶爲基礎而形成的。當腦中一片空白時，不會做夢……。即使想做夢也不可能。但是胎兒就會做夢。

測定人類熟睡狀態時的腦波。了解到在一個晚上會重複好幾次速波睡眠與慢波睡眠的睡眠型態。其中的速波睡眠就是，即使身體休息，腦子卻是淸醒的狀態，這時就會做夢。

測定胎兒熟睡時的腦波，發現妊娠過了八個月後，胎兒的腦波測試中，觀測到一些速波睡眠的狀態。有速波睡眠，當然做夢的可能性也很大。

做夢……。反過來說，胎兒的腦並不是空白的。腦應該是蓄積「自己」經歷到的各種記憶。並不是他人的記憶，而是蓄積「自己的記憶」，這就是一種自我，就是一種意識。

這麼說也許會讓各位覺得混亂。再加以說明，這裡所說的「意識」或「自我」的詞彙，與大人的意識和自我的標準不同。大人的意識具有強烈的語言性，同時也是具有強烈時間性（連續性）的意識。胎兒的腦尙未發達到具有語言的認識或連續的認識，但是卻能蓄積「自己的」記憶，以「自己」爲基點，而感覺到快、不快、滿足、不滿等，這種感覺則透過吮手指等動作，表現出來的意識或自我已經誕生了。

■妊娠六個月時，胎兒的腦能夠了解情緒

事實上，胎兒的腦意識萌芽，到底是什麼時候開始的呢？大致是出生後過了四個月後

時。此時胎兒的意識出現，只是單純的情動而已。亦即，類似生命體所具有的反射反應的意識。的確，對於來自外界的刺激或情報，自己「判斷」而表現喜怒，這是瞬間的表現。基於這個刺激和情報，胎兒的腦就能形成特有的情緒及感受性。

因此，到妊娠六個月之前，胎兒的意識反應幾乎都屬於情動。也就是說，可以當成肉體程度的反應。類似條件反射，是非常原始的智慧活動。

但是，過了六個月後，藉著在母親胎內環境所引起的刺激和情報，產生的感覺或感情，已經提高爲一種情緒的水準了……。這種「感覺或感情」與「情緒」最大的不同是，「情緒」並非一種條件反射的反應。

「這些刺激是什麼？到底意味著什麼？」

加入這種思考的過程。藉著這個過程的發生，而對於包括母胎在內，來自外界的刺激和情報，進行取捨選擇，並加以整理記憶。

「選擇性的」情報加以整理記憶，意味胎兒特有的腦已經開始形成。也就是說，胎兒的個性，胎兒的性格，在這個時候已經開始形成了。

胎兒個性和性格的形成就是自我的形成。所謂自我就是能夠區別他者與自我的能力。

並非將自己一切的世界與無限一體化，而是知道自己也有他人的存在。像這種區別自己和他者的能力，並非藉由胎兒本身的精神活動，而是藉著來自母胎等外部環境所帶來的不安與憤怒而形成的。

也就是說，當母親感到不安時，這種不安的訊息就會傳達到胎內。至於母親的感覺和感情如何傳到胎內，其構造稍後將敘述。總之，當母親的感覺和感情傳達到胎內時，胎內環境產生了變異。一旦產生變異時，胎兒就能察覺，而且也能體會不安的感覺。

在此之前，即使母體環境產生變化，即使能察覺，也不會將其視爲自己的感覺，對胎兒而言，經常是安定、平安的環境。但是，到了這個時期，才開始有其他感覺，

「眞是奇怪呀！到底有什麼不同呢？」而感覺到不安。

以往是平安的世界。現在卻經歷了一種不愉快的體驗。

但是，產生一種與安定環境不同的感覺時，胎兒在這時也了解，這個世界並不只有我的成立而已。

有我也有他的存在。胎兒的自我開始覺醒，所以，這的確是一個非常好的學習機會。

此外，產生不安感的胎兒，會反射性的保護自身免於不安感。具體而言就是緊握手

指、或收縮手腳的行動。這些防衛的反射行動反覆進行時，胎兒開始學習哪一種行動最能去除自己的不安……。

憤怒時也是同樣的情形。例如，母親吃了冰冷的食物，胎兒會形成一種非常彆扭的姿勢，胎兒可能會踢母親的肚子、或在羊水中不停地亂動，而表達憤怒的感情及抗議的行動。最初是單純的反射反應，是一種行動。但是累積幾次後，

「眞討厭呀！」就會產生這種知覺。隨著知覺就產生了計算，在感到不安感的同時，也會對於憤怒產生反應。

胎兒不認爲自己具有憤怒的感情。但是，由於憤怒的訊息進入，而他了解這是一種憤怒時，對於許多的憤怒經驗而展現的行動，開始了解哪種行動最能逃避這種憤怒。

胎兒的學習，就是藉著自己以外的某些事物所產生的現象，當成自己的感覺而加以掌握，而學習到這是與自己不同之他者的存在。由這個意義來看，不安感和憤怒的感情會傷害胎兒的身心，但同時，這種感情中，卻也含有能夠促進胎兒智慧、情緒發達的正面效果。但是，只限於輕微的不安感和輕微的憤怒而已……。

比意識或情緒、自我等反射條件更高水準的智慧活動，漸漸地形成了。所謂漸漸形

心理測驗2

看起來像什麼？
1. 坐著的女性
2. 山坡
3. 一大盤的菜
4. 掉落的水果
5. 迎面而來的少年

（結果見p73）

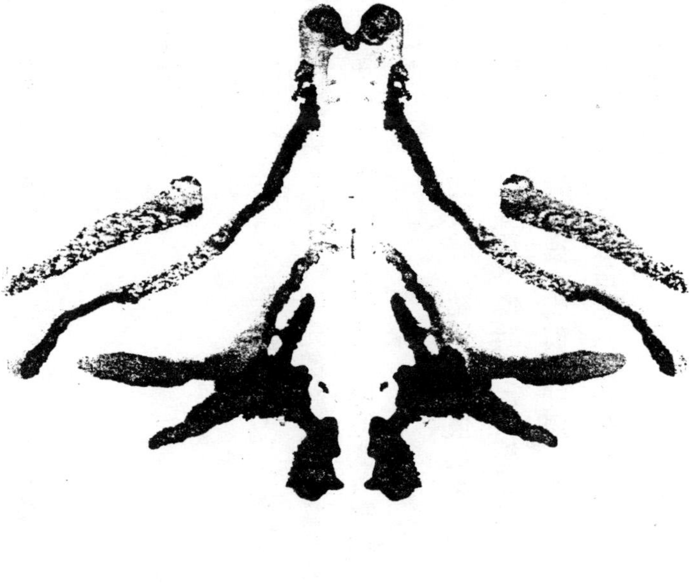

p39・心理測驗1的結果
1. 飛躍，積極姿態的表現。
2. 依賴，要更自立些。
3. 混合期待感與不安感，要保持情緒穩定。
4. 擁有保護的願望，成爲保護的立場。
5. 對任何事態都能客觀接受。

成，是在二八〇天的胎內生活中漸漸形成的……。因此，這個速度，遠比我們大人學習的速度更猛烈。

■身體語言是與母親溝通的手段

當意識、自我、學習能力開始萌芽時，胎兒會感覺到一些事物、或思考時，這種想法、感覺，會以某種型態傳達到外界的世界。例如先前敘述的，當羊水變冷時，胎兒會皺著臉，做出踢母親肚子的行爲等，就是將自己的感受，傳達到外界的世界，也就是說，對胎兒而言，傳達到母胎的行動。

此外，根據前面所敘述的條件反射的實驗，給予微弱震動時，胎兒會興奮，而做出踢母親肚子的動作。這個踢的行爲，也可以解釋爲傳達自己所感受之不快感的行爲。

這就是一種藉著身體語言，而進行的溝通。先前敘述過，胎兒與母親間會不斷藉著這種身體語言的溝通。也就是說，胎兒並不是被母胎保護的無意識存在，而是擁有自我，而且要使自我讓對方了解的一個個人的存在。

第2章

胎兒的成長與腦的發達

■胎兒期是腦發達期間

即使你還沒有生產的經驗，可能也看過剛出生的小嬰兒吧！當時嬰兒的樣子……。就好像塡充玩具似的，頭很大。手腳還很小，但是頭卻非常大。事實上，不只是感覺而已，嬰兒的頭的確很大。

新生兒大都是四頭身。有時會縮腳，因此頭看起來更大了。成長到一、二歲時，會變得較爲「修長」。四頭身變成五頭身、六頭身、七頭身，但是卻沒有辦法成爲八頭身……。以日本人而言，都是七頭身到七・五頭身就停止了成長。但是，最近的年輕人，在全部的身高中，頭的大小所占的比率與以前相比，小了很多。

看看其他動物的嬰兒。即使剛出生，大致已經成長爲與長大後同樣的體型。出生時頭較大的，只有人類的嬰兒而已。事實上，其他動物在母親胎內時，也有頭較大的時代，但是出生時，大都是人類出生後成長一年左右的時期。只有人類是出生時頭非常大……。這就是所謂的「幼兒誕生」。因此，在出生後一年的時間，必須依賴母親而生存。嬰兒頭較大，是因爲胎兒的身體整體中，頭成長最爲迅速所致。頭不斷地成長，但是身體其他部分卻沒有迅速地成長，因此是以四頭身，頭較大的型態誕生的。

頭的成長最爲快速。換言之，就是腦的成長最爲迅速。

其他動物出生後不久，自己就能夠活動，在胎內幾乎大部分的機能都已經成長了。但是，人類的嬰兒卻不同，人類的嬰兒姑且不論身體其他部分，總之，腦成長得非常快。

由這個意義來看，胎兒期就是主要的「腦成長期間」，這種說法絕不爲過。

■腦細胞數在出生前即已決定，一生都不會改變

胎兒腦的發達，事實上非常顯著。以下稍微敘述腦形成的過程。簡單概論就是在妊娠第二個月之前，腦的各部分原型已經完成了。

不過，在這個時期之前，構成腦的神經細胞（中子）的數目並沒有增加很多。拼命設計腦，因此，大小、重量擴張等都沒有辦法顧及。事實上，妊娠四個月時，腦的重量只有二十幾公克而已。人類大人腦的重量爲一千三百公克左右，因此這時的腦還很小。

但是，從妊娠第五個月起顯著地成長。

神經細胞以驚人的速度不斷地重複分裂、增殖，在誕生時，平均增加爲四百公克。

神經細胞的數目，大腦約一四〇億個，小腦皮質約一千億個，合併其他的延髓計算新生兒的腦，塡塞了一千數億個神經細胞。而最令人感興趣的是，體細胞隨著成長不斷增殖，但腦細胞的數目，在胎內形成到出生爲止之間，增殖、分裂都停止了。

因此，腦神經細胞數自誕生前，最後的細胞分裂後，就不會再進行分裂、增殖，這個數目維持一生。

不僅如此，不但不會增加，而且腦的神經細胞一天可能會死去數十萬個到一百萬個。隨著成長、老化，神經細胞會不斷地減少。

「儘管如此，也不可能只有頭不斷地長大呀……？」

也許你會有這種疑問。甚至有人認爲：

「這樣的話，出生時頭大就表示這是一個頭腦聰明、發達的孩子囉？」

也許你會這麼想。出生後在醫院會立刻進行嬰兒身高、體重、頭圍的測量，並且登記在母子手冊中。

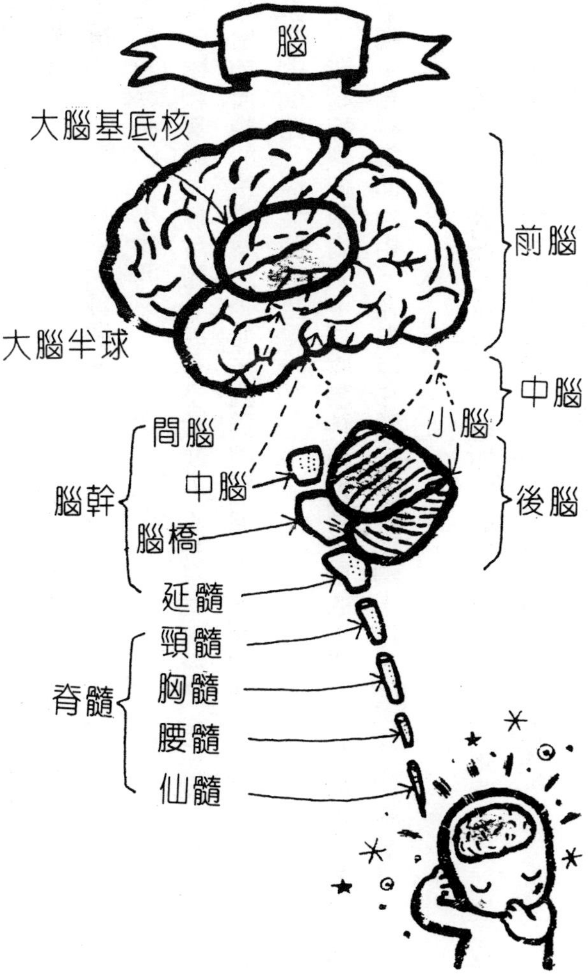
腦
大腦基底核
前腦
大腦半球
中腦
小腦
間腦
中腦
腦幹
後腦
腦橋
延髓
頸髓
脊髓
胸髓
腰髓
仙髓

這個數值如果比住院中其他嬰兒的頭圍更大的話，也許在嬰兒出生時，你就認爲自己已經「獲勝了」。

以下解答這些母親特有的疑問。

首先是關於頭的大小的問題。

的確，頭和身體同樣會隨著成長不斷增大，腦重量會增加。但是，這並非因爲出生後神經細胞增加而腦的重量增加，而是因爲神經細胞中緊密地連結，神經細胞與神經細胞連結形成緊密的網路，而使腦的重量增加。

此外，在腦神經細胞周圍，吸收腦神經細胞形成的老廢物，將血液中的營養素送到腦的神經細胞，具有調節作用。在血液和腦之間發揮關卡作用的神經膠質細胞增加，而使腦重量增加。

神經膠質細胞在一歲至三歲時急速增加，最後數目爲神經細胞的五倍。出生後腦重量的增加，並非神經細胞增加，主要是由於神經膠質細胞的增加而造成的。

其次，探討腦的重量、大小與智慧的關係。

人的智慧到底是由何而決定的呢？目前不得而知。既不是來自腦的重量，也不是來自

神經元

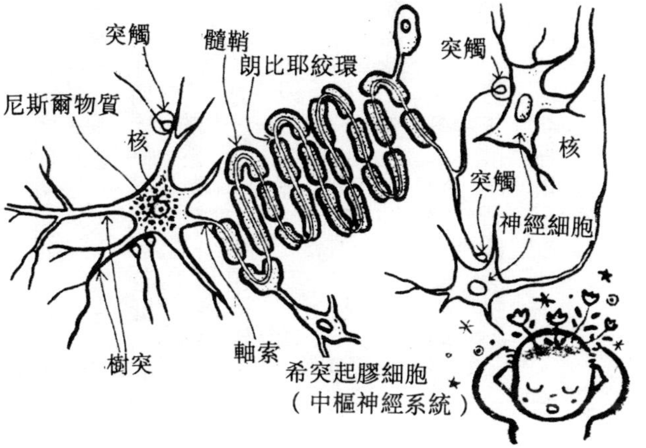

大腦皮質的表面積。但先前敘述過神經細胞間的網路，也就是神經細胞與神經細胞之間的一種通信回路發揮的機能如何，對於智慧應該有極大的關係……，這是我們的推測。

也就是說，通常人腦九成都不發揮作用，是沉睡的狀態。有人說，普通人約使用三％的腦。而一些創造豐功偉業的天才則使用約五％……。不知是眞是假，關於這種數值的問題，目前還不了解。

頭腦的聰明與否，其關鍵似乎在於能否使沉睡的腦神經細胞發揮作用。

據說智能左右人類的智慧。

換言之，如果更多的神經細胞能夠連接通信回路，人類整體的智能活動中都有神經細胞連結，人類的智慧活動應該更爲旺盛。

因此，光是神經細胞存在不能進行腦的活性化。除了神經細胞外，還有連結神經細胞與神經細胞的突觸「連結器」，以及稱爲髓磷質之神經細胞的絕緣組織，以及負責將神經細胞的情報傳達到其他神經細胞的神經傳達物質等，這些物質一致互助合作，才能使神經細胞在人類全體的智能活動中連結。

因此，光是腦的大小和重量，無法推測出嬰兒的智能。

但是可以這麼想。

胎兒的神經細胞藉著分裂、增殖而增加，也因爲除了神經細胞外，包括突觸或髓磷質及神經傳達物質也增加了。

因此，在本章後半段會詳細敘述。在胎兒期充分供給營養，使腦的分裂、增殖旺盛時，則胎兒誕生後的智能活動會更爲活潑，這是非常重要的行爲。不論如何，如先前所述，腦的神經細胞的分裂、增殖，在誕生後就不可能再進行了……。

■胎兒腦的發生學發達之過程

基於發生學而言，胎兒的腦到底是經由何種過程而成長的呢？以下簡單說明。

受精後的卵子不斷反覆進行細胞分裂而成長，然後分爲外胚葉、中胚葉及內胚葉。其中內胚葉形成消化器官和呼吸器官，中胚葉形成骨骼、肌肉和結合組織。

而腦，也就是神經系統，是由外胚葉所構成的。

具體的說明是，妊娠十七～十八天時，外胚葉的一部分會增厚，而形成稱爲神經板的組織。

這個神經板急速成長，在妊娠第二十七～二十八天時形成管狀的神經管。這個神經管就是腦和脊髓的根源。

神經管前方形成粗大的腦管，其他部分形成延髓。

腦管成長形成三個部分，就是前腦胞、中腦胞、菱形腦胞。其中前腦胞和菱形腦胞還會再分裂。

■腦的成長過程

重複細胞分裂、增殖的受精卵，分成外胚葉、中胚葉、內胚葉。

↓

外胚葉成長爲神經板、神經板又成長爲神經管。

↓

神經管分爲腦管與延髓。

↓

腦管分爲前腦胞、中腦胞、菱形腦胞。

前腦胞分爲終腦與間腦

終腦形成大腦皮質

間腦形成丘腦和丘腦下部

中腦胞形成中腦

菱形腦胞分爲後腦與末腦

後腦分爲腦橋與小腦

末腦成爲延髓

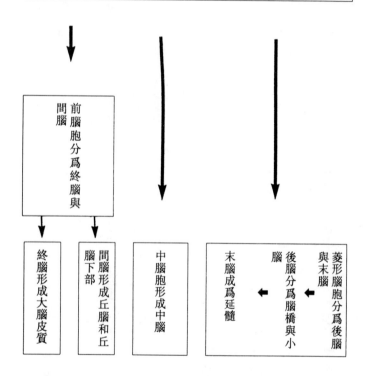

前腦胞會分成終腦和間腦，終腦最後成爲大腦皮質。間腦形成丘腦和丘腦下部。

菱形腦胞分成後腦和末腦，後腦最終分爲腦橋和小腦，末腦最後形成延髓。中腦胞不會分裂而形成中腦。

敘述有些複雜，請參照前頁的圖，整理這個過程。

發生學的知識並非一定需要的，但是生爲萬物之靈，在所有生物中最爲進化之人類的腦，經由這麼複雜的過程，而具備如此複雜的構造。

胎兒進行如此繁雜的腦之形成是在二百八十天時間內，拚命進行的。

進化的腦如果不斷發揮作用，的確能產生超天才，但遺憾的是，現在並沒有這麼做的確實方法。即使現代醫學有長足的進步，但關於腦內之謎，目前還是如黑盒子般令人難解。

■藉著腦、末梢神經系統與內分泌系統的相互連絡而處理情報

先前我們探討了腦的發達，但事實上，人類的智慧活動，也就是說情報處理活動，不只是由腦成立的，還需要其他各種「零件」。

關於人類情報處理活動的「零件」，大致分爲神經系統與內分泌系統。神經系統又分爲中樞神經系統與末梢神經系統。本書先前叙述的腦，主要指的是這個中樞神經系統。

一般以腦爲代名詞的中樞神經系統，收集、統合各種情報，做成應該展現何種行動的方針，並下達命令，指示身體各運動器官或內臟應該展現何種行動。此外，也有將以往所得到的知識或經驗加以記憶的作用。應展現何種行動，或做成方針時，當然也必須活用記憶。

所謂中樞神經系統，是最高司令部，也就是參謀本部，就好像國會圖書館似的地方。另一個神經系統末梢神經系統，則具有將眼、鼻、舌、耳、皮膚等感覺器官和身體各處的運動器官、內臟與中樞神經系統連結的通信網的作用。

具體的形狀是，許多的神經細胞伸出稱爲神經突起的突起，利用突起與前後的神經細胞相連結。這時就會有電氣信號或化學傳達物質流竄，藉此而來自身體各部的情報傳達到中樞神經系統，或將中樞神經系統的命令傳達到身體各部分。

傳達的速度非常快，爲每秒一公尺的速度。因此，身體各部分傳來的情報瞬間傳到中樞神經系統，而中樞神經系統所發出的命令，也能在瞬間傳到身體各部分。

神經系統還有稱爲神經節的「零件」。簡單地說，就是小型的中樞神經系統。中樞神經系統是由許多神經細胞集積而形成的。就好像許多ＩＣ晶片集積而成的電腦集積回路一樣。末梢神經系統則沒有這種集積現象出現。

除了中樞神經外，身體各處都有神經細胞的集積處，就是神經節。

雖然中樞神經系統並沒有很多神經細胞集積，但因爲有神經細胞集積，所以具有解析情報、策定行動方針，對於內臟、運動器官、感覺器官等下達命令的能力。但是集積數較少，所以不能控制高度的智慧活動。主要控制的，只是內臟和血管的不隨意肌平滑肌的運動，以及荷爾蒙分泌等的活動。

神經節及神經節相連的神經細胞，稱爲自律神經。

就是因自律神經失調症而爲人所熟知的自律神經。

最後是內分泌系統，以荷爾蒙爲傳達的手段，與神經系統不同，是另一種系統的通信網。荷爾蒙有機物質是傳達手段，傳達速度每秒由數公釐到數公分，與神經系統相比，非常緩慢。

由此可知，人類的智慧活動，也就是情報處理活動，是由神經系統及內分泌系統，若加以細分，則是中樞神經系統、末梢神經系統、內分泌系統來進行的，但並非各自孤立，而是互相連絡，三位一體而對於人類所有的生命活動所需要的情報進行處理。

■控制萬物之靈、高度智慧活動的大腦皮質

人類情報處理的相關「零件」中，最重要的是中樞神經系統各部分，以下簡單介紹其構造、機能。

首先是大腦皮質。

人類的腦與其他動物相比，最大的不同點就是腦皮質非常發達。因此，大腦皮質可以說是萬物之靈的人類中，集合了最像人類的部分。

也就是說，知、情、意這種其他動物幾乎無法看到（類人猿偶爾有相近的情形出現……）的高度智慧活動能藉此而加以控制。

大腦皮質是大腦表面的部分。在大腦中稱爲大腦邊緣系。

這個大腦皮質有很多皺紋，有山有谷、凹凸而富於起伏。這個皺紋加以拉長延伸時，

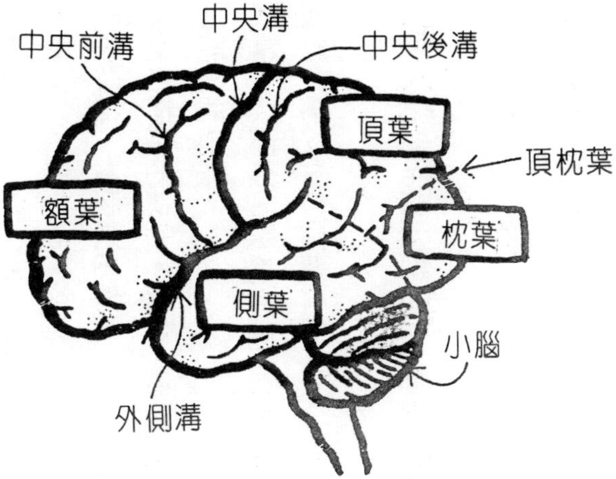

好像報紙般大小，由此可知，大腦皮質是藉著皺紋而增大表面積。

其中心處有一個很大的谷，稱爲中心溝。

厚度只有二·五公釐，其中有六層構造，而每一層緊緊塡塞著神經細胞。

大腦皮質除了知、情、意的高度智慧活動外，也負責運動器官和感覺器官的控制等廣泛的工作，這些工作到底由大腦皮質的哪個部分負責呢？早就已經決定好了。

例如，某個部分損傷時，可能會罹患運動性失語症或感覺性失語症，其他機能卻能正常地活動。也就是說，任務的分擔非常明確，即使某個部分受損傷，其他部分也不能彌補其作用。

由這個意義看，所有表面，所有層的部分，全都負擔無法替換的任務。所以，大腦皮質些許的損傷，對於人類生活而言，都會造成重大影響。

大腦皮質以中央溝爲交界，分爲右腦與左腦。右腦與左腦的活動內容完全不同。

一般而言，右腦是感情腦，左腦是理性腦。右腦主要處理圖形和映像等很難用言語或數字替換之情緒的情報。反之，左腦則主要處理用言語或數字表現的情報，也就是具有邏輯性之記號的情報。

通常，大部分人認爲右腦發達者適合成爲藝術家；而左腦發達者適合擔任學者，不過，關於大腦皮質目前還有很多不了解的部分，有待今後的研究而加以闡明。

■控制人類本能活動的大腦邊緣系

大腦皮質下方的部分是大腦邊緣系。這裡主要是控制感情和本能的衝動。

所有哺乳類的腦當中，都具有同樣構造的大腦邊緣系。因此大腦邊緣系就進化論而言，是在生物進化爲哺乳類時，獲得的中樞神經系。

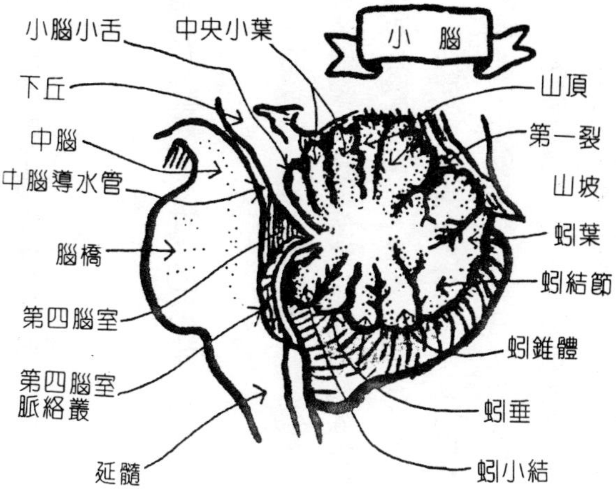

這個大腦邊緣系分爲許多部分，各部分具有不同的作用。最近，特別受矚目的是稱爲海馬的部分。因爲這個海馬是與人類記憶有關的部分。

以人工的方式用電刺激海馬時，會使在人類腦中已經喪失的記憶重新恢復。

此外，海馬與癲癇的發作也有關，因此在臨床醫學上備受矚目。

■控制身體平衡感覺的小腦

小腦重約一百三十公克，以重量而言，只占整個腦重量的一〇%。但是，在此卻聚集了分布於整個腦一半以上的細胞。其作用是掌管身體的平衡感覺等運動或姿勢。小腦分爲蚓部與小腦半球。即使低等動物也有的蚓部，是專車控制身體平衡感覺的部分。

而小腦半球則能保持肌肉的緊張（活性化），或是肌肉與整個身體的平衡控制協調運動。

■脊髓貫穿全身的情報通路

脊髓最重要的作用就是從腦的下方到骶骨爲止，貫穿全身，在途中接受身體所感覺的各種情報，將這個情報運送到大腦皮質等比較高水準的中樞，而將高次中樞下達的命令傳達到身體各部分，具有情報通路的作用。

此外，脊髓與後述的丘腦同樣的，對於自己能夠判斷處理的事物，具有適當加以處理的機能，也就是說，具有反射器官的作用。

關於脊髓方面，在記憶上最重要的一點就是，脊髓與大腦皮質等水準較高的中樞連結的神經元（神經細胞與神經突起成爲一套的神經單位），在脊髓伸出處左右交叉。因爲交叉，所以與左半身的運動器官和感覺器官連結的是右大腦半球；與右半身運動器官和感覺器官連結的是左大腦半球。因此，如果左大腦半球引起損傷，並不是左半身，而是右半身會產生毛病。

在間腦中，占最大部分的就是丘腦。

間腦的五分之四爲丘腦所占據。存在許多神經細胞與神經突起合爲一套的神經元，在此聚集成一些團體，發揮彌補大腦皮質之迷你電腦的作用。

具體的作用則是負責全身感覺器官與大腦皮質的中繼基地工作。

也就是說，從眼、耳、皮膚等處傳送的感覺情報，全部先聚集在丘腦，丘腦判斷由延髓等水準較低的中樞處理，或是要送到大腦皮質處理，進行區別後，送到各個中樞。

此外，丘腦也是控制感覺器官的興奮（活性化）的場所，能使快感和不快感、恐懼等，非特定的漠然感覺發生。

■保持體內平衡狀態的丘腦下部與腦下垂體

丘腦下部與腦下垂體都是使人類身體維持正常的生理狀態，也就是說，維持穩定血

腦下垂體

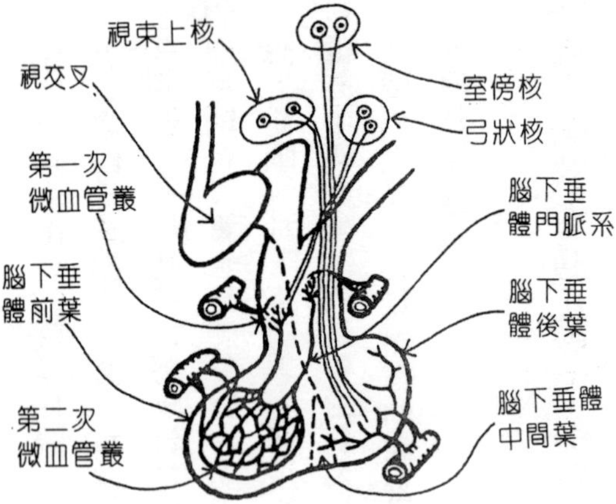

壓、脈搏、穩定體溫之平衡作用的掌管處。

以內臟爲主的人的生命活動，即使不必由大腦皮質一一發出命令，也能自動發揮作用。受到內臟作用影響之身體內的生理狀況，也能自動調節。

支撐人類生命活動的機能，都與大腦皮質有關，即使不必控制不隨意的功能，也能自動順暢地發揮作用。

代替大腦皮質加以控制的是自律神經系統和內分泌系統。而丘腦下部控制自律神經系統，腦下垂體控制內分泌系統。

神創造人類，其絕妙的技巧，在各器官、各機能中都可以發現。尤其最令人佩服的部分就是控制自律神經系統的丘腦下部，以及控制內分泌系統的腦下垂體，是相鄰的存在。

因爲相鄰而能以各種形態互助合作，使原本屬於不同系統之通信網路的神經系統與內分泌系統保持連結，共同控制人體的平衡作用。

因此，丘腦下部和腦下垂體合稱爲丘腦下部腦下垂體系統。

此外，中樞神經系統中，除了丘腦下部和腦下垂體外，也有控制平衡作用的中樞。在腦最核心部分腦幹部的青斑核與腦幹網樣體，就是這個中樞。

■胎兒的腦在何時發揮何種作用

關於胎兒之腦的發生學成長的過程及構造、機能在先前敘述過了。我們最想了解的，就是胎兒的腦在其成長過程的各階段，實際上發揮何種作用。

如果能了解，則在各個時期，就能創造一個腦最需要的好環境。

包含這個意義在內，胎兒成長的時間中，以下探討胎兒的腦是經由何種過程而形成的。

●妊娠六十天／胎兒的中樞神經系統中，支配重力與平衡感覺的神經系統的前庭系統開始發達。因此，妊娠七十～八十天時，胎兒的運動活絡。這時可感受到腹中的胎兒踢肚子。

●妊娠九十天／這時男孩分泌男性荷爾蒙，女孩分泌女性荷爾蒙，對腦造成影響，而分化爲男性腦、女性腦。性荷爾蒙對腦的影響，會一直持續到確認腦性別的妊娠二百一十天爲止。在這個期間，當母親承受強烈壓力時，男孩的男性荷爾蒙分泌不良，會受到母胎內女性荷爾蒙的影響，結果，雖然是男孩，卻會形成女性腦。

●妊娠一百天／稱爲海馬的腦，其記憶裝置開始形成。

●妊娠一百二十天／利用記憶裝置而能記住母親的聲音和心跳的聲音，聽到會產生安心感。

●妊娠一百六十天／腦能感受到母親腹部的情形。也就是說，當母親吃飽時，胎兒也能感受到滿腹感；母親肚子餓時，胎兒也會覺得肚子餓，而做出第一章所介紹的吸吮手指的動作。在這個時期，爲腹中的胎兒著想，母親一定要好好攝取飲食。

●妊娠一百九十天／腦開始有明暗的感覺。這個明暗是藉由母親的荷爾蒙傳達到胎兒

心理測驗3

看起來像什麼
1. 蝴蝶
2. 跳舞的妖精
3. 惡魔的臉
4. 花瓣
5. 容器

（結果見 p127）

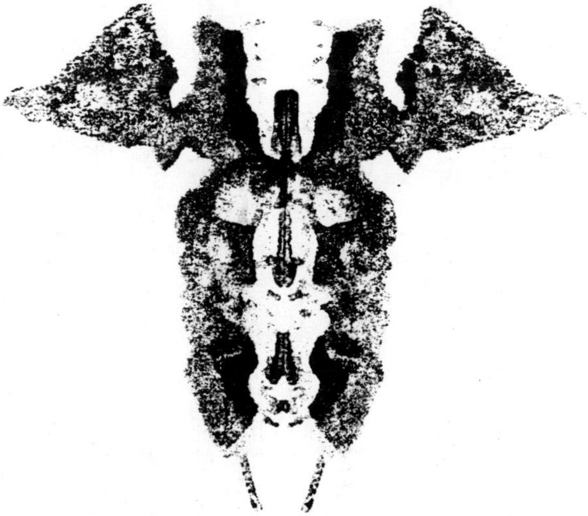

p49・心理測驗2的結果
1. 浪漫的妳好像做夢似地想像嬰兒的樣子。
2. 想要孩子的妳會讓肚子裡的胎兒產生安心感。
3. 富於創造性的妳已經清楚想出嬰兒出生後的樣子。
4. 最適合當母親，擁有富於生產性的想法。
5. 展現行動力的妳已做好生產的準備了。

的腦。這個時期以後，母親如果過著晝夜顚倒的生活，則胎兒的「體內時鐘」會紊亂，其結果會導致嬰兒出生後情緒不穩定，因此一定要過著規律正常的生活。

●妊娠二百一十天／腦開始感受到味覺及聲音的高低，此外，透過荷爾蒙能夠了解母親的感情。對於感情也會產生反應。也可以說是胎兒形成明白意識及自我的時期。

●妊娠二百二十天／能夠讀取聲或音的節奏。所以如果母親大聲或用嚴厲的語氣說話時，胎兒會產生不快感。母親的聲音過度歇斯底里會導致胎兒的血壓不穩定，有時甚至會引起貧血……。這種狀態長時間持續時，胎兒誕生後也會造成情緒不穩定。因此夫妻絕對不能爭吵。所以，做父親的一定要幫忙。也就是說，在這個時期不可刺激妻子，否則對未出生的孩子會造成不良影響。一定要自覺這一點而謹言愼行。當然，最重要的就是母親的輕聲細語。

●妊娠二百四十天／腦和內臟藉由皮膚刺激而開始旺盛活動。

●妊娠二百七十天／胎兒更能強烈感受到母親所感受的壓力。因此，母親的心跳加快時，胎兒的血壓會急速下降、脈搏跳動遲緩；母親的壓力增加時，胎兒也能感受到。所以，母親必須注意不能過度承受壓力。

■胎兒期的營養不足會導致腦變小、發育不良

到目前爲止，我們已經探討胎兒腦的成長過程。但是，對於即將成爲人母的人而言，最關心的當然是如何使這個過程度變得更好。

有沒有辦法培養出更聰明、更富於感受性的腦呢……？

遺憾的是，關於人類的腦目前還有很多不了解的事情，因此，目前無法滿足母親實際的要求。

但是仍有某種程度的了解。

例如，當胎兒的腦營養不足時，腦的神經細胞分裂、增殖無法順暢進行，腦的重量和容積都會減小。也就是像先前叙述的，神經細胞、突觸、髓磷質以及神經傳達物質都會變小或萎縮。

這是因爲腦需要熱量源，也就是製造腦的材料、大量的葡萄糖。

生產並供給葡萄糖的是肝臟。但是營養不良時，肝臟的生長發育不良。當肝臟生長發

育不良時，就無法產生腦所需要的大量葡萄糖。

結果，腦的神經細胞的分裂、增殖，神經細胞與神經細胞連結的網路無法順利建立，構成腦的各種物質都會變小或萎縮。爲了使腦健全地發育，具體而言，到底應該如何進行營養的供給呢？在第三章中爲各位解說。

總之，對胎兒的營養供給，不光是對腦的獨立作業而已。

例如營養不良而使肝臟的生長發育不良時，如先前叙述的，對腦的成長也不好。此外，如果血液的製造不足，則肝臟製造的葡萄糖也無法充分送達腦部。

所以，營養的供給一定要綜合考量才行。由這個意味來看，對腦的營養供給問題，在下一章的「對胎兒而言舒適的胎內環境」一章中，總括爲各位解說。

第3章

對胎兒而言舒適的胎內環境

■胎兒對母親而言是異物嗎？

首先，介紹一些駭人聽聞的事情。

這個駭人聽聞的事情，是胎兒原本對母胎而言，就好像病毒或癌細胞一樣是異物。既然是異物，母胎內的免疫機能會想加以擊潰……。

「不可能的，這是我們所希望的孩子，怎麼可以視為是病毒或癌細胞呢……？」

也許你會生氣得這麼說，但是以免疫學的觀點來看，這的確是合理的想法。也就是說，胎兒從受精卵到子宮壁著床之前，是不存在母親體內的「物質」，因此，當然是異物。

人體內有免疫機能的構造，會殺死體內產生的異物或將其趕到體外的防衛作用。當然，如果意識到胎兒是異物，免疫機能就會發揮作用，而將其擊潰，這種說法並不奇怪。所以有些免疫學家認為，孕吐等就是這種結果的表現。

但事實上，免疫機能對胎兒這種異物卻特別寬容，並未採取免疫學的攻擊方式。

不過，在妊娠近十個月時，這種寬容性就會崩潰，也就是免疫機能發揮原有的作用，想要將異物胎兒趕到體外。以免疫學的觀點看，這就是生產。

也就是說，胎兒對母胎而言雖是異物，但免疫機能卻對胎兒有寬容性，所以實際上不會產生很大的問題。可是如果免疫機能一直到最後都無法順暢發揮作用，胎兒就無法誕生。

所以，免疫機能對胎兒的寬容性是有限的。對母胎而言，胎兒確實是異物，但也不會產生大礙。

但是，免疫機能的寬容性偶爾無法發揮，這時，免疫機能對胎兒就會產生攻擊行動，造成胎兒各種發育異常。

係。

一旦發生異常狀況時，就會出現所謂流產、早產或死產的現象。

之所以叙述這種駭人聽聞的想法，就是因爲母胎與胎兒之間原本就存在一種緊張關係。

對胎兒而言，對母胎而言，並不是完美的天堂。如果胎兒與母胎之間免疫學的親和關係崩潰，則流產、早產、死產等，與胎兒生死休戚相關的「母子分離」的現象就會發生了。爲避免這種情形，儘可能要努力創造一個好的母胎環境。簡單地說，就是創造一個對胎兒而言，住起來非常舒服的母胎。

■胎教只是單純的迷信嗎？

努力使母胎成爲對胎兒而言住起來非常舒服的地方……。對母親而言，這是一種本能。即使在不像現代一樣具有教育和情報的時代，也會當成一種生活的智慧來進行。

簡單的說就是「胎教」。

自古以來，在各地都進行各種胎教。其中關於妊娠中的飲食生活方面：

「孕婦吃章魚腳，孩子的頭髮會捲曲。」
「孕婦吃油膩的食物會生下胎毒的孩子。」
或者是相反地，會給予好影響的說法：
「吃蘋果會生下可愛的孩子。」等等，此外，
「孕婦看到火災，生下的孩子會有紅胎記。」
「孕婦參加葬禮，生下的孩子會有胎記。」
存有各種胎教。

這些都是迷信，都沒有科學根據。但這是自古傳下來的胎教，我們不能斷言全都是無知或迷信。的確，表現方法也許非科學性，而這些不能稱爲胎教的結論部分，是基於長年累月的人類智慧而產生的。

例如先前所說的：

「孕婦看到火災，會生下有紅胎記的孩子。」

這是因爲本書中說過好幾次的，懷孕中的母親興奮過度時，胎兒也會感到興奮，甚至會對身心發育產生某種障礙，爲了警戒這種情形出現，而有這種說法。

此外，經常聽人說：

「媳婦不可以吃秋茄子。」

很多人認為是婆婆欺負媳婦的代名詞，但事實上，這也是一種胎教。茄子以漢方醫學而言，是會使身體發冷的陰性蔬菜，吃了陰性蔬菜後，媳婦的身子發冷就不容易懷孕。此外，懷孕時如果身體發冷對胎兒也會造成不良影響。雖然是一些說明不足的胎教，但是的確具有科學的合理性。

「妊娠中掃廁所會生下可愛的女孩。」

做什麼都可以，不一定要掃廁所，也不限於一定是生女孩。但是卻說明了必須要活動身體。

「懷孕中跨過倒下的掃帚會生下笨孩子。」

這個說法是警戒孕婦要注意自己的精神。挺著大肚子時，活動也變成非常重要的事情。看到倒在一旁的掃帚，卻不將其拿起來放好，而若無其事地跨過去，就無法成為一位體貼的母親。此外，另一種說法是跨過去有可能會跌倒，所以最好不要這麼做。

由此可知，自古以來為了生下好孩子，有很多的傳說，不管是否為迷信或胎教，雖然沒有科學的根據，可是其根底卻在於考慮到母胎精神的動搖，或飲食生活的紊亂，或母親本身的想法，會直接對胎兒造成影響，而提出的一些說法。這些自古傳來的說法，即使在科學發達的現代，也有一些可取之處。

具體的內容，可以現代的或科學的方式解釋……。以這樣的觀點考慮胎教，絕對不是毫無意義的作法。

■胎教是調整母胎環境的權宜之計嗎？

現代社會也有胎教的存在。例如：

「讓胎兒聽音樂，可培養出音感很好的孩子」等等。

一般現代版的胎教，是讓胎兒擁有某種「經驗」，而變成更聰明、更富於感受性的孩子。也就是說，讓胎兒擁有某些經驗的胎教……。與此相比，以前的胎教是讓母親做些什麼事情，或是什麼事情不可以做。其差距在於古代人，不像現代可直接觀察生產前腹中胎兒的樣子，所以，結果就是「當胎兒在母親肚子裡時，母親的感覺或意識、或是生活態度等，對於出生後的孩子會造成影響。」

積極讓胎兒擁有一些經驗的現代版胎教，是「直接胎教」；讓母親做些什麼，或不能做些什麼，藉此給胎兒好的影響，這種古代的胎教，應該是「間接的胎教」。

這個「直接胎教」與「間接胎教」都具有正面意義。以這個意義而言，胎教是「直接胎教」與「間接胎教」的複合體。

一般而言，現代的母親們大都接受很多情報，受過高等教育，擁有豐富的生活，因此，會有想要實施「直接胎教」的傾向。這點的確很重要。讓腹中的胎兒積極地聽音樂，給予適度刺激……。讓胎兒在母親肚子裡就能體驗事物，記憶在腦中……。

對於生存在現代社會的嬰兒而言，的確擁有往前邁開一大步的育兒觀念。但是，如果母親過著日夜顚倒的生活，或是由於錯誤的愛美意識，而只注意妊娠中的容姿，沒有攝取充分的營養，或是過度相信現代營養學，光是吃一些健康食品，自認爲已經完全攝取足夠的營養素，想要進行積極的胎教，卻無法得到良好的結果。同時，現代社會和以往不同的就是必須不斷地與壓力作戰。這個壓力一旦成爲胎兒的體驗時，也具有危險性。

母親必須改善自己的生活習慣、飲食生活及精神狀態，使母胎的環境成爲盡可能適合胎兒居住的環境，這是非常重要的胎教。

■具有節奏、規律正確的聲音是母胎絕佳的BGM

第一章中曾敘述，胎兒喜歡有節奏、規律正確的聲音。對胎兒而言，最懷念、感到安心的聲音就是母親心跳的聲音，也就是心音。胎兒喜歡具有節奏、規律正確的聲音。

事實上，幾乎所有母親都本能的知道這個事實。也就是說，當母親抱著自己的孩子時，大多數母親都將嬰兒的頭按在左胸前。左胸就是心臟所在的位置，也就是嬰兒最容易聽到母親心音的位置。

當然，嬰兒被抱在左胸(母親的心臟在左邊)就能更安心地熟睡。

有趣的是，喜歡聽母親心音的習慣，即使成長後仍藏於心靈深處。其證明就是，在學校音樂教室擱置的節拍器也就是顯示聲音節拍的機械，指示學生調節到自己喜歡的節奏時，大半的人都會固定在一分鐘五十～九十下。也就是說，這個節拍是接近人類心臟跳動次數的節拍。

讓夜晚哭泣的嬰兒坐在車上繞一周就會停止哭泣，能夠熟睡，相信很多父母都有這樣的經驗。這和我們坐在車上時，在搖搖晃晃中容易熟睡是類似的情形。像車子的噪音、具有某種規則性的聲音或輕微震動，在這樣的環境中，就會掀起胎兒期的記憶。

母胎內是雜音的巢穴。胎兒即使聽到一些雜音也能安心。嬰兒熟睡時即使開動吸塵器，很多嬰兒也不會醒過來。甚至有些吵鬧的嬰兒，讓他聽吸塵器的聲音反而能夠安心熟睡。

由這些事實評估，母胎的BGM應該是有節奏、規律的聲音，是最適合的。例如時鐘滴答滴答的聲音，或大自然的聲音，像噗哧、噗哧，以規律正確的節奏滴落的雨滴聲等。

最近也販賣一些環境錄影帶或環境錄音帶等，當你和胎兒「二個人」悠閒地相處時，與其看些刺激性的電視或錄影帶打發時間，還不如積極地聆聽一些胎兒喜歡、有節奏的音樂，這也是創造舒適母胎環境的方法之一。

不只是單音，如果選擇音樂當母胎BGM時，還是選擇規律、有節奏的曲子較好。規律、有節奏的曲子，如果是古典派、浪漫派，則是海頓和舒伯特的曲子；近代作品則是德比希或拉具爾的曲子。同屬於古典派的貝多芬的起伏激烈的曲子，反而會造成胎兒異常興奮，不適合當成母胎的ＢＧＭ，這點在第一章中已經說明過了。

母胎的ＢＧＭ音樂不僅限於古典音樂，民謠或大衆音樂也可以。只要是規律、有節奏的音樂即可……。

當成母胎ＢＧＭ的音樂或聲音，如果是母親喜歡的就更有效了。即使要創造胎兒喜歡的節奏，母親也必須要放鬆才行。否則無法成爲舒適的母胎環境。如果不舒適，胎兒的心就會不穩定。即使讓他聆聽有節奏、規則的音樂，也會抹殺效果，甚至會造成負面效果。

■母親喜歡的香氣或氣味胎兒也會覺得舒適

和音樂並稱爲現代版胎教主角的是繪畫的鑑賞，像裝飾房間時重視色彩的搭配，注重香氣的芳香療法等都有效。這些基於視覺或嗅覺的胎教，並不是所謂「直接胎教」。如第一章中所說明的，因爲胎兒的視覺和嗅覺並不是非常發達。

但是，顏色、形狀或香氣對於「間接胎教」而言，具有重大的意義。藉著被這些形、色、香包圍住，能夠使母親的心靈豐富，身心安定，子宮內部的母胎環境對胎兒而言，也會非常舒適。

關於色、形或香氣方面，不能說哪一種比較好，一定要選擇母親所喜歡的。

在房間中裝飾喜好的繪畫或噴撒一些自己所喜歡的香水，使心靈舒適，荷爾蒙分泌正常，就能創造一個胎兒能安心的母胎環境。

偶爾外出觀察自然的景觀，或是吸滿清新的綠野清香也很好。應避免因爲外出卻遭遇流產或早產的危險，須謹愼，但是身體沈重時就會懶得活動身體。

可到錄影帶店租一些在家中就可飽覽自然的環境錄影帶，在觀賞大自然時也能夠安心。

此外，最近也以人工合成的方式發售做森林浴時對人類身心有益的物質——芬多精。對於喜歡綠野清香的母親而言，可在房中噴撒一些芬多精，有益於放鬆身心。

在自宅家中泡澡時，可藉由使用各種沐浴劑，享受溫泉的感覺。泡澡對胎內的胎兒而言非常好。對於原本就浮於羊水中的胎兒而言，當然非常適合水。甚至可利用進行水中生產。

泡澡並加入喜歡的沐浴劑，手上拿杯果汁，享受溫泉的氣氛吧！相信你就能了解，連腹中的胎兒也在悠閒地伸展手腳呢！

■胎兒所期待的母親情愛訊息

先前叙述過音或音樂、色、形、香氣等，母胎環境的要因。當然，這是創造一個胎兒的舒適母胎環境不可或缺的要素。但是，創造舒適母胎環境的最重要要素，還是心理要素。

心理的要素……，也就是母親如何重視自己的孩子、如何愛他，要將具體的訊息傳達給胎兒知道，這就是對胎兒的情愛訊息。

並不需要做什麼特別困難的事情。例如叫腹中胎兒的名字，如果事先已決定胎兒的名字可以直接叫名字，尚未決定則可以取一個感覺很舒服的小名。邊叫喚邊對腹中胎兒說話，說一些自己以前看過感動小說的故事或描述夜空星星之美，或是說爸爸媽媽都在等待你的誕生喔！等等話語，要溫柔地訴說，讓胎兒了解。當然，胎兒不了解話語的意義，但卻了解這種節奏。了解融入節奏中之母親的情愛。胎兒的五感中最發達的就是聽覺，因此，只要以充分情愛訴說這些話語，就能使胎兒的心產生安心感與滿足感。

此外，溫柔地撫摸腹部也能成爲一種好的情愛訊息，例如在睡前，可以好好地說：

「希望你早點出生。」

「你要成爲好孩子喔！」

「好好睡覺吧！」

一邊對他說，一邊撫摸胎兒熟睡的子宮附近，也就是母親的腹部。第一章中說明過，胎兒的五感中僅次於聽覺發達的就是觸覺，因此，肚子裡的胎兒一定能接受到你的訊息。

對於肚子的撫摸，父親也可以進行。如果由父親進行，對於胎兒會有安定的效果，同時也能使母親的心情平靜下來。父親也可藉此感受成爲人父的自覺，準備迎接育兒工作。

■母親放鬆、胎兒也能得到悠閒

父親參與胎教是非常重要的一點。詳情在第四、第五章敘述。總之，父親參與胎教，如先前敘述的，能使母親的身心安定，結果，使母胎荷爾蒙分泌正常化，母胎環境當然就是胎兒最佳環境。相反地，因爲妻子懷孕而大夫在外風流，或是妻子懷孕，丈夫卻嘮叨妻子連家事都做不好，因此造成夫妻不斷爭吵，使得原本因爲懷孕而感到焦躁的母親變得更爲焦躁、荷爾蒙分泌紊亂，對胎兒而言，就形成最惡劣的居住環境。

不只是夫妻爭吵，妊娠中其他焦躁的原因有很多。例如在妊娠中包括家事在內日常動作都無法隨心所欲地進行。當然會感到焦躁，即使知道這一點，還是會焦躁。這時應停止做這些事情，放鬆力量，好好輕鬆一下吧！

■胎兒的腦神經細胞還沒有「關卡」

「叫我不要焦躁，根本是不可能的事情，我也是人耶，不可能做到這麼理想化。雖然對不起肚子裡的孩子，但是我沒辦法停止焦躁。」

也許有些母親會有這樣的感嘆，這是理所當然的。胎兒如果具有理解力，也會了解「這是不得已的事情，母親，就算妳焦躁一點也不要緊。」如果眞是如此，相信母親的心情也會變得輕鬆了，但是胎兒不可能具有這種理解力。胎兒對於通過母親而得到的刺激或情報，即使是對身體不利的，也會無條件接受。

正如第二章中簡單說明過的，胎兒腦中的神經膠質細胞還不發達的緣故。神經膠質細胞是圍繞在腦細胞周圍的細胞。會將細胞產生的老廢物，或血液中的營養素供給腦細胞。也就是在血液與腦細胞中設立的關卡。假若在血液中有尼古丁等有害物質混入時，如有這個關卡遮斷，就不會使尼古丁進入腦細胞中。由這個意義看，神經膠質細胞也可以命名為「血液腦關卡」。

這個神經膠質細胞顯著增加是在出生後一～三年的時間內。在胎兒時期增加得還不夠，因此胎兒的腦屬於沒有設立關卡的狀態。

這的確非常可怕。如果母體內有任何有害物質進入時，全可順利通過，使胎兒腦中含有有害物質。進入母胎的所有刺激和情報都會進入胎兒的體內。胎兒很難抵擋催畸形物質，也就是說，會因為藥物或有害物質而引起畸形，理由就在於此。像越戰中使用的使植物枯萎的戴奧辛，造成很多畸形兒。因為水銀侵襲腦，而在日本生下胎兒性水俣病的嬰兒。這就是因為胎兒腦中沒有神經膠原細胞這道關卡的緣故。

最重要的是，母胎要儘可能防止有害胎兒物質的刺激或情報進入。

■傷害遺傳因子的有害物質

有害物質……。各位了解各種有害物質威脅大人的健康。這些有害物質如果對無防備的胎兒也造成影響……。光想到這一點就覺得非常可怕。

以下敘述對胎兒的腦會造成危險性的有害物質或刺激、情報。進入本論前，各位一定要記住以下的敘述。

的確，會威脅人類健康的有害物質非常危險，應儘可能將其排除，這不只是對嬰兒，對大人也是一樣的。

圍繞著有害物質的現代生活中，我們希望健康地生活。即使有害物質進入體內，也會藉著身體的防禦作用，而使其無害。

所以，如果不是特殊的環境或情況，不必太過於擔心。如果太過於擔心，恐怕就無法生存在現代的時代中了。相反地，這種擔心會成爲壓力。結果，比有害物質問題更容易造成重大傷害。

問題在於，胎兒尚未具有身體的防禦作用，如果遇到有害物質，當然很難抵擋。

此外，有些物質即使對大人無害，對胎兒可能會造成害處……。

如果有這些可能性，就必須儘可能加以排除。

以下敘述有害物質，並不是會立即損傷胎兒的腦，造成無法挽回的損害，但是，可能會形成損傷的物質，的確比大人更多。

考慮畸形的問題。所謂畸形就是原本設計圖被「更換」。當實行原本不具有的其他建設，或不進行原本應具有的建設而發生的情形。這樣的設計圖意味遺傳因子中的DNA（脫氧核糖核酸）。DNA具有有趣的作用，會命令細胞內所含的RNA（核糖核酸）要結合成與自己具有同樣化學組成的物質，也就是蛋白質。合成蛋白質是構成身體的物質，會成爲荷爾蒙。當「被替換的設計圖」（DNA）做出異常的指示時……。結果就會出現畸形狀態。

如果仔細說明，大家都知道DNA的紊亂的確是非常可怕的。

不可弄錯的是，會造成可怕結果的DNA紊亂，在DNA中只佔極少數。大部分DNA的紊亂對人體不會造成重大影響。

ＤＮＡ的紊亂事實上經常發生。我們人類不論是誰，都具有五、六個紊亂的ＤＮＡ。但是也只是形成眉毛容易倒長的眼部構造而已，只帶來一點點異常，是根本不必在意的異常。這種異常不能算畸形。

另外有一點要敘述。

有重大遺傳情報的ＤＮＡ受到有害物質攻擊時，不會輕易造成身心異常。亦即，人類身體具備的免疫構造能夠防止這種攻擊。

以癌症爲例爲各位說明。例如大腸癌，是由七階段遺傳因子紊亂累積而產生的。要花二十年的長久時間，進行七階段ＤＮＡ的「改寫」，才會發生大腸癌。當這七階段中任何一個停止時，就不會罹患大腸癌。

相信各位已經了解了吧！

遺傳因子大多受到免疫構造這種防衛構造的保護，而不會紊亂，即使紊亂，其結果所產生的異常，大部分都是不必在意的異常而已。

如此說明，也許有些人會認爲，那麼就不必進行有害物質的說明了。但是，有害物質如果無限制的大量攝取時，使身心產生重大異常的遺傳因子紊亂，其發生的可能性及機率就會提升。即使危險性只增加一點點，但是胎兒是非常重要的存在。所以，儘可能在做得到的範圍內削弱危險性……，以下的解說也包括這個意義在內。

■胎兒不喜歡酒

以下敘述對威脅胎兒無防備之腦的酒精之害。

古希臘時代開始，就知道酒精對胎兒的成長有害。酒精有時甚至會使胎兒遭到不幸而殺害胎兒。也就是說，妊娠中的母親如果攝取酒精，則產生以下數種的「胎兒酒精症候群」的危險度會增加。

①胎兒的智慧發展較遲。

②胎兒的活動過多，同時會導致心律不整。

③小頭症。

④頭部畸形。

以前，美國的酒精障礙、酒精中毒研究所，曾研究過妊娠中的母親每天喝三～四瓶啤

酒或幾杯葡萄酒，養成這種習慣後，前述的障礙會發生一種以上。此外，一天飲用一千八百CC以上的葡萄酒時，胎兒酒精症候群所有的症狀都會發生。

由這個報告可知，不只是定期飲酒，妊娠中絕對不要喝酒才是安全的作法。

雖然有人會說一杯葡萄酒或一杯啤酒不用擔心，但是儘可能不要喝酒。

妊娠中的母親攝取酒精的危險時期，根據美國酒精障礙、酒精中毒研究所的報告，在妊娠三～四個月，及六～九個月時是特別危險的時期。當然，並不是其他時期就能安全地飲酒。妊娠中儘可能完全戒酒，對胎兒而言才是舒適的。

■煙會使胎兒的能力降低

煙也是對胎兒造成不良影響的有害物質之一。

根據最近的調查，吸煙的母親生下的孩子，與沒有吸煙的母親生下的孩子相比，一般而言身體較小、較容易生病。而且，讀書能力減退，罹患精神障礙的機率較高。

煙的可怕，以某種意義來說，甚至超過酒精。

那是因爲酒精在母體內的殘留性較弱，過了一定的時間就會消失，但是煙中所含的尼古丁，殘留性卻非常高。

也就是說，即使在知道懷孕時停止抽煙，可是母親體內依然存有尼古丁。

這個尼古丁對胎兒會造成不良影響……。即使沒有達到這種程度，但是世界上不斷地叫嚷吸煙之害，而且推行戒煙運動。等到想生孩子才開始戒煙也不遲，但是不要在懷孕後才戒煙。

總之，決定要懷孕時，就應該要戒煙了。

■咖啡因也要儘可能避免

和煙、酒同樣對孕產婦不好的，就是咖啡因。咖啡因對於胎兒不良影響的研究，目前並不像酒和煙這麼盛行。

根據美國華盛頓大學的研究，在妊娠中咖啡因攝取量增多的母親，生下的孩子肌力較弱，因此會出現日常生活遲鈍的傾向。

但是，這是暫時性的，或會形成永久健康障礙的訊息，目前還無法確認。

不過，咖啡因中的確含有會使人類神經興奮的成分。

胎兒如先前所敘述的，血液腦關卡的神經膠質細胞還未充分發達，因此，咖啡因所造成的興奮感可能超出大人以上。由這個意義來看，要儘可能避免咖啡因。

相信你不會甘冒危險，讓自己的孩子虛弱吧！

■不要自己判斷隨意服用藥物

對於胎兒身體造成惡劣影響的有害物質是藥物。如果是醫師處方的藥物，相信沒有任何醫師會開對妊娠中的胎兒有害的藥物，因此以某種程度而言是安全的。必須注意的是市售成藥。

市售成藥與醫師處方的藥相比，藥性較弱，利用這種弱性藥能夠治療的疾病，可以稍微忍耐一下，不要亂服藥物，儘可能不使用任用藥物而度過生病期，如果不得已時，一定要和醫師商量，請醫師開不會危及胎兒健康的藥物。

關於藥物的相關問題，就是疾病要儘早治療，在妊娠八週以前，如果母親感染德國痲疹，胎兒容易產生症狀。

梅毒或衣原體等性病也會對胎兒造成不良影響。梅毒在妊娠後期、衣原體在生產時會由產道感染，因此，只要在知道懷孕時開始治療，就不會傳染給胎兒。

通常，如果預定在醫院分娩，在妊娠檢查時就能發現，這時一定要接受治療。

■現代社會受到有害物質污染

煙、酒、咖啡因、藥害等，自己察覺得到的物質能加以避免。但在現代社會中，仍然存在一些不知不覺中會侵入人體的有害物質。像農藥、食品添加物、飲水等。以某種意義而言，處在現代社會，應該說整個社會都被有害物質污染了。

這些有害物質當然會損害大人的身心，但是對於無垢狀態下之胎兒的身心而言，傷害更深。進入母體的物質，使胎兒受到深刻傷害的危險性極高。

尤其腦的污染最可怕……。腦的污染所帶來的影響，不只是暫時的損傷，會紊亂遺傳因子的情報，使體內細胞突變。胎兒的腦是經由設計圖遺傳因子，而逐日不斷地建設。當設計圖紊亂時，就可能輕易產生畸形或死產等現象。充斥於現代社會，而且必須下意識加以排除的有害物質，一定要嚴加注意。

最近，情緒不穩定的孩子增加了，測驗ＩＱ時，發現雖然ＩＱ不很低，但情緒不穩定，在學校和家中都無法集中精神學習，結果成績不好，或是感情起伏劇烈，一點小事就

會有暴力傾向，或是產生自傷行為……，會產生所有問題行動的孩子。

有很多原因，可能是親子關係問題，也可能是與學校、社會關係不好……。

這些原因中，一種就是平常所吃的食物。日常所吃的食品，可能會使情緒不穩定的症狀更為嚴重，這的確是非常愚蠢的原因。

為什麼呢？因為親子關係若出現問題，當事者可能未察覺其內容，即使察覺，也可能無法輕易解決，但是食品之害只要稍加注意，就能排除。

平常所說的食品之害中，位居首位的就是食品添加物。食品添加物中包括合成著色料、合成保存料、發色劑、防腐劑、調味料等，這些都是人工合成的化學物質。並不是所有的食品添加物都對身體有害，但是其中的確含有對身體有害的物質。例如，食品中用來染黃色的合成著色料中，有一種酒石黃著色料，一旦攝取這種酒石黃後，會增加人類的焦躁性，並且變成具有攻擊性、暴力性，這是來自世界各國的報導，因此，有的國家甚至明令禁止使用酒石黃。此外，有些合成著色料則可能對人體細胞造成影響，引起突變。

■為胎兒著想，要注意食品添加物

「雖然知道食品添加物之害，但很難買到無添加物食品，且價格很昂貴……。」的確如此，想要避免食品添加物，實際上，在現代生活中卻無法做到。因爲現代社會中的食品添加物廣泛蔓延，因此，我們僅能做到儘量避免吃含有食品添加物的食品。雖然很可悲，但這卻是實際的情形。

大人不得不接受這些現實而生存，因爲生存在這個時代中，這是我們必須接受的宿命。可是，腹中的胎兒可能會受到更大的損傷。

腹中的胎兒，藉由遺傳因子的情報，正在「建設」腦以及身體其他部分。由於食品添加物的緣故，遺傳因子會使遺傳因子所送出的情報（＝指示）產生紊亂的話……？

腹中懷著胎兒的母親一定要加強注意。一定要努力排除食品添加物。期間不必很長。察覺自己妊娠，到妊娠以後生產之前，推算還有幾個月分娩，在這期間儘量排除食品添加物即可。

方法之一就是儘可能自己調理食物。避免市售品、罐頭食品、外食或速食品等，自己動手調理食物。

另外，不要每次只吃一種食品，或同一廠牌的食品。調味料方面也要使用各種不同廠牌，原因稍後叙述。

妊娠期間也要採用極力避免使用食品添加物之方式的飲食生活。

雖然有點繁雜，也許要花費比平常更多的餐費，但是為了生下健康寶寶，這只是暫時的奢侈而已。犧牲一點也無妨。

■食品添加物的化學物質，具有可怕的殘留性

儘可能多攝取不同的食品，且不同廠牌的食品。其理由是，食品添加物中使用的化學物質大都具有殘留性。

這個殘留性意指攝取後不會立刻排泄，而蓄積在體內，如果能立刻排泄掉，則害處只是暫時性的，但是如果殘留於體內，當然就會損害身心。

不僅如此，即使少量無害，但分量累積到某種程度時，就會形成對身體有害的化學成分。

當殘留性增強時，會漸漸地累積，蓄積到某種程度後，就會損害人類的身體……。

這些化學物質，事實上最容易殘留在腦部。

令人感到擔心的，就是胎兒的腦。先前曾敘述，胎兒的腦在腦和血管間，尚未具有檢查流通物質的神經膠質細胞的「關卡」，因此，殘留性較強的化學物質會侵入腦中而蓄積，不斷地供給遺傳因子……。結果使得胎兒腦的遺傳因子紊亂，使得目前正在「建設」

腦和身體的「設計圖」紊亂，使腦和身體各部分出現畸形……。

當胎兒畸形嚴重時，遺傳因子會發出指令令其流產，和以前相比，最近流產較多，就是因爲各種有害物質導致胎兒畸形的情形較多。

食品上會有成分標示，但是遺憾的是，做母親的幾乎不具有正確掌握的知識。光靠食品標示，很難進行選辨。最好的防禦辦法是多項目、多食品的選用法。

藉著使用多項目、多食品、多廠牌的使用，就能使有害化學物質分散，使同樣的有害物質，不易達到一定量以上的蓄積量。同樣的食品含有同樣的有害物質，會很快地達到危險分量。如果食用多種食品，由於化學物質的成分不同，便能避免某種程度的傷害。

■充滿危險的現代食品

可怕的不僅是食品添加物而已。在現代流通的食品全都非常可怕，這種說法絕不爲過。

就算是生鮮食品，像養殖的雞、鴨、牛、甚至豬、魚等，都可能混入使其不容易生病的藥物在飼料中餵食。這些藥物會殘留在肉中……。即使母親不服用藥物，卻因爲吃食物而得到同樣的結果。農產品也有農藥的問題。雖然命名爲無農藥蔬菜、無農藥栽培，但是沒辦法進行量產。因此，雖說是無農藥，但並非完全不使用農藥，而是儘可能不使用農藥。或是使用時儘可能選擇安全農藥，只做了這些考慮而已，像米、小麥等也是同樣的情形。但是，農藥容易殘留、蓄積在穀類的胚芽內。

據說糙米和胚芽米對身體很好。的確含有很多身體所需要的養分，但是，同時也含有很多殘餘農藥。

■保護胎兒不受食害的飲食法？

現代的飲食生活從食物到調味料，都是危險的東西。不管吃什麼，對胎兒都會造成危險性，不吃則母子都會餓死。即使不餓死，也會因爲營養不足而使得胎兒的成長停止。

我不斷叙述食品公害的問題，就是爲了胎兒著想，希望胎兒的腦能成長得更好。

因此，現在懷孕的母親如果擔心「持續以往的飲食，對於腹中胎兒的腦會不會造成損害呢？」這種擔心是毫無意義的。

我想，你出生前，母親也是吃普通的飲食吧！也以普通的方式生下了你。也許你認爲自己的母親在懷孕時，如果更注意飲食的問題，也許你就會更聰明一些吧！不過這只是開玩笑的問題罷了。

但是，也許「這麽做」，就能使你的理想在自己的孩子身上實現。

如果儘可能注意飲食，儘可能排除會影響腹中胎兒成長的有害物質，應該就很好了。對胎兒而言，必要的飲食法與大人完全相同。

避免偏食，儘可能攝取多種食品是最好的。像日本厚生省規定，一天要攝取三十種食品，不只是三十種，妊娠中最好每天攝取五十種食品。

每天多攝取不同種類的食品，就能夠減弱食品公害。

例如蔬菜方面，特定的農作物會使用特定的農藥，也就是說，某種蔬菜與另一種蔬菜上殘留的農藥（化學物質）的種類不同。如先前叙述的，化學物質的量增加愈多，就愈能作用於人類身體的遺傳因子和細胞，而容易引起疾病或畸形。不偏食，吃各種蔬菜和水果就能減低特定化學物質大量殘留或蓄積的危險性。對其他食品而言，也是同樣的道理。

■胎兒不耐寒

爲了保持胎兒擁有舒適的母胎環境，食物是其一要素，飲料也是同樣的情形。母親和往常一樣的日常生活中，每一件事情都會對胎兒造成影響。以下介紹日常生活中「不應該進行」的事物。

首先，不要大口喝冰水或清涼飲料。如第一章中介紹的，胎兒討厭冰水。當母親攝取冰涼的飲料時，會使羊水的溫度下降。如此一來胎兒就會皺著臉，腳不斷地踢打，表示其不滿之意。胎兒最討厭居住在「冰涼的」環境中。

在討厭的環境中生活，就會引起欲求不滿

的情緒障礙。此外，像神經科醫師所處理的神經障礙中，有一種寒冷神經障礙，就是過於寒冷而破壞部分神經的症例。置身於寒冷的環境中，人類的神經會產生毛病。當然，喝冰水不見得會使羊水產生神經障礙，但爲了小心起見，還是儘可能避免危險。

夏天非常炎熱而想喝冰涼飲料時，最好忍耐一下，喝點溫開水吧！不可以喝含有咖啡因的綠茶，代之以不含咖啡因的麥茶等。基於同樣的道理，母親生活的房間，溫度不可以太低。空調的溫度不可以訂在二十五、六度以下。

如果進入冷氣效果太強烈的地方，一定要爲腹部進行保暖。

■溫度或明暗的劇烈變化會導致情緒不穩定嗎？

關於溫度，最可怕的就是從溫暖的地方突然到寒冷的地方，或是朝相反的溫度移動。子宮很難抵擋激烈的溫度變化。所以如果從溫暖的狀態突然變換爲寒冷的狀態，就容易引起變異。

子宮產生變異時，當然會對胎兒造成不良影響。在具有強烈冷氣效果的房間裡，本來就對身體不好，如果從這個具有冷氣效果的房間突然走到溫暖的室外，反覆這種情形時，當然更不好，一定要注意這一點。

此外，明暗的激烈變化對胎兒也會造成不良影響。

雖然胎兒的視覺還不發達，但是對於明暗的感覺，在妊娠一百九十天時就已經發達了。母親所分泌的荷爾蒙中，有一些在明亮時就會增加分泌、黑暗時就會減少分泌的荷爾蒙，胎兒透過這些荷爾蒙的增減，就能感受明暗。

因此，如果母親待在「明」與「暗」不斷變化的光環境中生活，荷爾家的增減就會變得更爲劇烈。胎兒會混亂，結果，就會生下情緒不穩定的孩子。

這裡所說的「明」與「暗」不斷變化之光環境中生活，也意味著晝夜顛倒的生活。晚上很晚才睡，白天拉上窗帘睡覺的生活，使得室內的光和外界的光產生很大的差距。這個光的差距，就會使胎兒混亂。

關於光還有一點補充，就是妊娠中的母親不要在太明亮的照明下生活較爲舒適。

這是因爲妊娠中的子宮，對「明」與「暗」會產生敏感的反應。亦即，具備日週期性的生化規律。明亮時子宮會收縮，黑暗時子宮會放鬆，具有這種生化規律。

放鬆當然很好，收縮可就糟糕了。

收縮時，羊水壓力會增高，流入子宮的血液量減少。這些都是使胎兒痛苦的現象。

由這個意義看，孕產婦應待在光度較弱的穩定光環境中生活。

■二百八十天大工程所需的資材營養素

本章的最後，爲各位探討妊娠中飲食的注意事項。不同於先前叙述的食品之害。此處介紹積極的攝取法。

本章以「胎兒舒適的胎內環境」之解說爲目的的章節，不同於一般育兒書討論預防母體肥胖的內容，而是討論能夠幫助胎兒健全成長、創造胎內環境的營養問題。

首先探討營養均衡的問題。

食物的內容，必須考慮營養均衡的問題。這是不論男女老幼，所有飲食生活的基本。對胎兒而言，更要注意營養均衡的問題，因此，必須攝取所有的營養素。

胎兒期是由一個受精卵不斷分裂、增殖，進而具備所有器官成長爲人類的期間。僅僅短暫的二百八十天就要完成這項「大工程」，的確是非常浩大、複雜的「大工程」。

進行這麼大的工程，當然需要很多資材。也需要建築用的工具。電或瓦斯等動力也是需要的。胎兒需經由母體而得到這一切。如此一來，母親就必須攝取含有所有營養素的飲食。

例如，相當於建築資材的身體主要原料的蛋白質必須要攝取才行。相當於電力或瓦斯等動力源的碳水化合物和脂肪也必須要攝取。還有，相當於建築用工具的維他命和礦物質也必須要攝取。

尤其維他命和礦物質，對於胎兒健康成長而言是不可或缺的營養素。大約三十種的維他命和礦物質，在蔬菜和水果中含量豐富。妊娠中的母親要下意識地多攝取蔬菜和水果。

不要只攝取特定的蔬菜，白色、綠色、黃色蔬菜等，各種蔬菜都要吃。

■鐵質缺乏會造成嬰兒無氣力

礦物質中的重要成分是鐵質。鐵質是血溶蛋白的主要成分。血溶蛋白是血液的主要成

分，會將新鮮的氧送達腦，也會將腦產生的二氧化碳送出來。

因此，如果鐵質缺乏，對腦部的氧供給不足，胎兒的腦就會產生各種毛病。這些毛病在出生後也會成爲後遺症而殘留下來。會造成嬰兒令人困擾的弊端。

①發育不良。

②對疾病的抵抗力減弱。

③變得無氣力。

爲避免這些弊端，在胎兒期就要充分供給鐵質，充分將氧送達腦部。

附帶一提，未懷孕時，女性所需的鐵質，一天爲十～十二毫克，妊娠前期爲十五毫克，妊娠後期爲二十毫克。

也就是說，必須下意識地多攝取鐵質。

含鐵質較多的食物，像動物的肝臟。但光吃肝臟無法進行鐵質的供給。

爲使身體鐵質的吸收力良好，就必須一邊攝取血溶蛋白的成分蛋白質。

此外，維他命C或維他命A，相當於血溶蛋白製造的「建築用的工具」，因此也要積極攝取。具體而言，要多吃黃綠色蔬菜。

■鞏固身體的鈣

礦物質中，鈣也是不容忽視的營養素。因爲鈣是胎兒骨骼的主要成分，此外，出血時能使血液凝固，幫助細胞吸收氧，並作用於神經，使精神安定，是非常重要的礦物質。

令人困擾的是，我國是鈣缺乏的國家。因爲鈣質在鹼性土壤中含量較多，但我國土壤幾乎都是酸性土，以火山灰爲主。火山灰土壤所培養的植物，當然含鈣度較低。因此，吃了這些植物也無法攝取足量的鈣質。慢性鈣缺乏是出生於火山國之國民的宿命。日本人幾乎有百分之十的慢性鈣缺乏狀態。

因此，妊產婦一定要下意識多攝取鈣質。最適合的食品就是牛乳、乳製品。牛乳和乳製品中不僅含有很多鈣質，這些鈣質的攝取率比其他含有鈣質的食品更高。

妊娠中的母親一定要積極喝牛乳、吃乳製品。想喝茶或咖啡時，要忍耐一下，儘可能喝牛乳。或將酸乳酪或乳酪當成點心食用。要下意識地努力攝取鈣質。

此外，鈣質含量較多的食品是小魚，但市售品大都是鹽漬魚，鹽分含量太多。所以儘可能自己烹調，如果是鹽漬魚，要先用滾水燙過，去除鹽分後再吃。

會阻礙體內鈣質利用的物質是磷。妊娠中，對於含有大量磷的零食、速食麵或清涼飲料要避免食用。這些食品中含有許多磷。

一天中所需的鈣質含量，妊娠中約一千毫克，授乳中約一千一百毫克。是沒有妊娠時的一・八倍。由這個數字就知道，一定要下意識地多攝取鈣質。

第4章

以荷爾蒙連結起來的母親與胎兒的繫絆

■人類具備的免疫作用

自古以來，就流傳被毒蛇咬過一次而獲救者，即使第二次被毒蛇咬傷也不要緊。這可能就是免疫學的開始吧！

人類身體對於侵入體內的外敵，體內會產生對抗物質，這就是免疫機能。免疫的「疫」字，就是疫病，也就是「流行性傳染病」的意思。「免」則是「免除」。

我們的身體在有外敵侵入時，爲了免除疫病，會製造一些使疫病無害的物質，稱爲「抗體」。

日常生活中，像細菌、病毒、眞菌（黴菌）等，都相當於外敵。不僅如此，不只是從體外侵入的物質，像癌細胞等原本在體內是正常細胞，因爲突變而成爲對身體有害的物質，這也是敵人，也就是所謂的「內敵」。

這些對身體有害的敵人存在稱爲「抗原」。病毒是抗原，食品添加物中所含的有害物質也是抗原。除了在醫院無菌室中生活的人外，過著一般生活的人，是在無數抗原包圍中生活的。這些抗原也會經常侵入體內。一旦抗原侵入時，就會造成身體失調，結果引起發燒、食慾不振、或內臟功能不良，有時身體的一部分會壞死，引起各種的弊端。

在日常生活中抗原隨時隨地存在。如果說人類對此不具有保護的機能，可能動不動就受到抗原勢力的威脅，身體機能遭到破壞，平常也可能罹患疾病，甚至導致死亡，但實際上並非如此。

這是因爲我們體內具備抵抗敵人的抵抗力＝免疫機能。這個抵抗力稱爲「非特異的免疫」。

此外，還有所謂「特異的免疫」，也就是說一旦和敵人作戰後，結果形成特異的抗體出現，不會再罹患同樣的疾病。

這種特異的抵抗力，稱爲「特異的免疫」。

像每年冬天，流行性感冒的猛威會造成數人死亡。如果事先知道在這年發揮威力的流行性感冒病毒是什麼？就可以先施行預防注射，引起較輕微的病毒感染，形成抗體，造成「特異的免疫」，就不會再罹患這個病毒所帶來的感冒了。但是，如果同年還流行其他的流行性感冒，仍有機會感染其他病毒。

所以我們在日常生活中，可能會感染好幾次感冒。嚴重的人可能冬天都在感冒。當然，同樣的病毒感染好幾次，或是其他病毒感染的也說不定，總之，每年感冒好幾次的人並不少。

感冒時據說，「靜養、攝取營養價較高的食物，充分的睡眠」，就能痊癒，的確是如此。

藉此能提高抵抗力＝免疫機能，旺盛地進行抗體的生產，就能戰勝抗原病毒。

產生抗體的是淋巴球。其中有T細胞、B細胞等細胞。T細胞是下達製造抗體指令的細胞，B細胞則是製造抗體的工廠。

T細胞中包括在細胞侵入時，會將病毒等異物整個細胞破壞的殺手T細胞，以及製造抗體，調整殺手T細胞，也就是相當於控制塔的輔助T細胞。

例如跌倒、擦傷時，病原菌侵入傷口可能會引起發燒。如果忍受疼痛，傷口就會漸漸痊癒。這是因爲接到病菌侵入通知的T細胞對B細胞下達指令：

「敵人侵入了，趕快製造抗體加以破壞。」

按照指令，B細胞會拼命製造抗體，擊潰病原菌。

因此，如果無法產生抗體時，可就糟糕了。

胎兒體內不具備這種免疫構造。未具有免疫機能就無法產生抗體。沒有免疫構造的狀態，即使知道危險，也無計可施。像愛滋病就是很好的例子。

愛滋病是「後天性免疫不全症候群」的簡稱。正如其名稱所示，是身體的免疫機能無法正常發揮作用，而引起的一連串疾病。愛滋病毒是非常聰明的病毒，會悄悄地棲息在細胞內，細胞無法察覺這個外敵的存在，花好幾年的時間占領具有免疫作用的控制塔輔助T細胞，並加以破壞。

因此，免疫機能喪失，造成免疫不全，即使是日常生活中隨處可見的病毒侵入時，都可能會引起死亡。

所以，沒有免疫構造的胎兒身體，就好像被愛滋病毒侵入的免疫不全的狀態……。

「如果在這個時候被病毒侵襲可就糟糕了……。」

你當然會這麼想。如果胎兒直接接觸外界，當然不久就會成爲病毒等外敵的餌食，但是不用擔心。

胎兒的確缺乏產生抗體的能力，但卻具有代替抗體的免疫能力。也就是母體所產生的抗體。胎兒透過臍帶、羊水與母胎結合。經由臍帶與羊水得到來自母胎的氧分供給，同時，也得到來自母體所供給的保護身體、避免病毒等危險異物侵害的「抗體」。

由母親供給的抗體，不僅在胎兒期，出生後還不能自己產生抗體前，都會保護嬰兒。

■荷爾蒙是免疫構造的命令形態

使免疫構造活性化的，就是荷爾蒙。

荷爾蒙是大家耳熟能詳的名稱。實際上，是本世紀初才被發現的。開始眞正注意到其作用，則只有二十年的歷史。

最初認爲「荷爾蒙就是分泌到血液中，刺激其他器官的物質」。現在則了解「由特殊細胞分泌、由血液等運送、刺激其他細胞，使其活性化的物質」。

察覺外敵侵入時，藉由荷爾蒙等的作用，使淋巴球的生產增加，身體已經準備好擊退病毒的方法。淋巴球中的殺手T細胞下達「擊潰病毒」的指令，開始奮勇出陣。

殺手T細胞不斷作戰，陸續殺死病毒。

作戰的結果，戰死的病毒和淋巴球的「屍體」成爲膿。傷口化膿即成因於此。膿的出現即證明病原菌與殺手T細胞壯烈作戰的結果。

事實上，包括淋巴球在內，對殺手T細胞下達擊退病毒等的命令，是由一些複雜的要素造成的。

其中具有重大作用的，就是荷爾蒙。

藉著荷爾蒙的作用，使細胞功能活性化，或是抑制細胞的功能，使得內部環境維持穩定，適應外部環境。

如果荷爾蒙能正常分泌，就能保持身體的平衡狀態（生物體衡常功能），自然排除病毒等入侵者，由於和免疫構造有很大的關係，因此能夠提高身體的自然治癒力，使人類健康地生活。

■荷爾蒙調整全身的生命活動

由此可知，荷爾蒙不僅與免疫機能有關，也與全身各種生命活動有關。對於各種活動，能夠負責做出正確的「做那件事、做這件事」的指示。

換言之，構成人體的各種臟器、器官，使其正常作用，調和整體生命活動的物質，就是荷爾蒙。分泌荷爾蒙的器官稱爲內分泌腺。

內分泌腺包括腦下垂體、松果體、甲狀腺、上皮質體、胸腺、副腎、胰臟、精巢、卵巢、腎臟、丘腦下部等，從這些地方放出荷爾蒙。

其作用，像一般所謂的自制荷爾蒙、或男性荷爾蒙所象徵的具有種族保存與生命維持的作用，支配成長、發育、老化等，防止對壓力反應的異常，適應環境與能量的生產和貯藏有關。

荷爾蒙是爲了調整身體、維持最佳狀態而分泌的。需要的荷爾蒙會在身體各處製造，與免疫構造有關的荷爾蒙只是存在於體內荷爾蒙中的其中一部分而已。

由此可知，掌管人類生命活動的重要物質荷爾蒙一旦缺乏時，也無法輕易從體外補充。不像維他命等可以用食物的方式由體外攝取，屬於只有在體內才能生產的物質。

像胰島素等可以經由人工培養出來的荷爾蒙也存在，但是人體有太多荷爾蒙，其化學組成非常複雜，大部分荷爾蒙都無法經由人工培養或人工合成製成。

也就是說，至目前爲止，自己所需的荷爾蒙只能靠自己的力量生產，自給自足。胎兒尚未有自己生產荷爾蒙的能力，因此，負責身體免疫作用的抗體是由母體「輸入」的，同時，荷爾蒙也是經由母親補充的。

■透過荷爾蒙將許多刺激和情報傳達給胎兒

但是，來自母體的荷爾蒙含有很多刺激和情報。藉著荷爾蒙中所含的情報和刺激，胎兒能在無意識中接受來自母體的訊息。換言之，此時能讀取母親的感情。不僅讀取，同時也受其中所含的情報和刺激極大的影響。

舉例而言，去甲腎上腺素這種荷爾蒙和乙酰膽碱這種荷爾蒙關係特殊。

這二種荷爾蒙與人類的自律神經功能有密切關係，有趣的是，各自能彌補他者，完成互補的作用。藉由去甲腎上腺素分泌，在人體中會發生以下的生理現象：

①血管的收縮。

②血壓的上升。

③瞳孔的放大。

④心臟機能亢進。

⑤肌肉的收縮。

另一方面，當乙酰膽碱分泌時，在人體會產生這些生理現象：

①血管的擴張。

②血壓下降。

③瞳孔收縮。

④心臟功能的沉滯。

⑤肌肉鬆弛。

心理測驗4

看起來像什麼
1. 魚的影子
2. 鐘乳石
3. 河道
4. 怪獸
5. 人物像

（結果見P147）

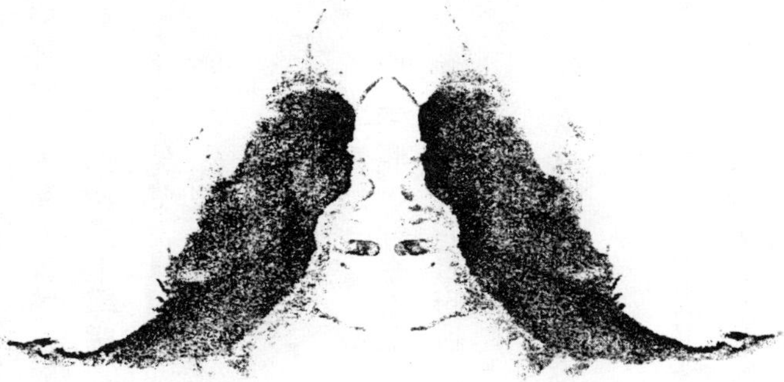

p73・心理測驗3的結果
1. 柔順的妳即使有點痛苦也會從善如流。
2. 肯定的妳肯定自己的人生，持續朝前走
3. 感覺敏銳的妳與胎兒的對話良好。
4. 依賴刹那的妳應爲嬰兒的將來多著想。
5. 富於邏輯性的妳，屬於不了解就無法前進的一型。

亦即，當去甲腎上腺素分泌增加時，人體會緊張，會準備展現某種行動，具有活動性。相反地，當乙酰膽碱分泌增加時，人類的身體會放鬆，形成非活動性的休止狀態。

例如，乘坐汽車，因爲駕駛錯誤而即將撞上護欄時，考慮這種狀態：

「糟糕了，要撞上了！」產生這種感覺，身體劇烈撞擊時，就會自動地（無意識中）形成一種防衛體制。爲提高運動能力，心臟跳動會加速，許多的血液送達全身、血管收縮、血壓上升、肌肉也會收縮。

也就是說，人體已經做好緊張狀態的準備。

但是如果能避開護欄，沒有撞上護欄，就會鬆了一口氣。放鬆的同時，緊張狀態開始溶解。如果持續保持緊張，血壓上升、心跳加速的話，身體可就糟糕了。

這時，乙酰膽碱就會代替去甲腎上腺素。

去甲腎上腺素的分泌減少，乙酰膽碱的分泌增加，使心臟跳動減緩、血管擴張、血壓下降、肌肉放鬆。

由此可知，當人類處於應該運動的狀態時，去甲腎上腺素會發揮作用，人體形成緊張狀態。在不需要運動時，則由乙酰膽碱發揮作用，使人體處於非緊張狀態。

不只是在面對交通事故的時候。人體經常由去甲腎上腺素及乙酰膽碱發揮作用，而保持緊張狀態或非緊張狀態。

擁有胎兒的母親，如果經常處於緊張與非緊張狀態，也就是反覆進行去甲腎上腺素與乙酰膽碱的激烈分泌，腹中的胎兒會形成何種狀態呢？

當母體內的去甲腎上腺素增加時，透過臍帶，胎兒身體的去甲腎上腺素也會增加、血壓會上升、心跳加快，雖然不是自己的選擇，可是會經常置身於緊張狀態下。

好不容易母親體內的乙酰膽碱增加了，能夠放鬆了……。這時，也許去甲腎上腺素又開始增加，又處於緊張狀態了。

反覆這種狀況時，胎兒的身心及發達，都會受到很大的影響。

由此可知，胎兒透過母體中產生的各種荷爾蒙，而形成變化。

母體內荷爾蒙的狀態，對於胎內環境會造成變化，不論好壞，許多的情報和刺激對於胎兒都會造成影響。

■母親的不安也會造成胎兒的不安

談到荷爾蒙的問題，雖然有些複雜難懂，但卻是非常重要的要點。

先前叙述的去甲腎上腺素或是具有同樣作用的腎上腺素荷爾蒙，總稱爲兒茶酚胺。

兒茶酚胺如先前叙述的，是在人類不安時所分泌的荷爾蒙，當不安與恐懼現實化時，會指示身體做好準備，逃離恐懼與不安。

不管發生任何事情，這種荷爾蒙都是能夠下達逃離狀況準備的荷爾蒙。

例如，夜晚時步行於黑暗、狹小的小徑，對面有一喝醉酒的男子走了過來。當然想要避免撞到對方，因此將身體朝相反側靠過去，儘可能避免接觸對方。這時肌肉緊張，做好隨時可以逃走的準備。而且心跳加速、血液循環加速，這就是做好了一旦被抓時，立刻可以逃走的準備。下達這個準備指令的，就是兒茶酚胺荷爾蒙。

因此，如果未感覺不安、恐懼時，一旦注入兒茶酚胺荷爾蒙，就會產生一種莫名的不安感或恐懼感。並不是因爲不安或恐懼的侵襲導致兒茶酚胺的分泌，而是以人爲方法將兒

茶酚胺注入體內，而引起了恐懼感與不安感……。

動物實驗確認了這種因果關係可以逆轉的現象。

雖然不能說動物實驗的結果絕對符合於人類，但經由其結果，也可以推論出人類也可能會發生同樣的情形。

「不論是誰，都不喜歡擁有不安和恐懼感吧！那麼，我想這根本就是無聊的實驗。」

也許你會這麼想。但是實際上，你腹中的胎兒可能陷入與動物實驗同樣的困境中。

現在在腹中的胎兒，可能尚未發育到大的聲音或冷感等的不安和恐懼，悠閒地在胎內活動。這時如果母親突然感到不安時，母親會分泌兒茶酚胺，而準備逃離不安。

母親因為某些不安的原因，結果分泌兒茶酚胺，這是正常的指令。

但是，腹中的胎兒又如何呢？

胎兒無法了解外界的狀況，雖然未預測任何不安或恐懼，但是兒茶酚胺透過臍帶突然送入時。和動物實驗同樣地，兒茶酚胺會注入體內。

對胎兒而言，並非由於不 安和恐懼的結果分泌了兒茶酚胺，而是因為兒茶酚胺注入體內，造成不安與恐懼。因此，各位可以輕易想像到，這對於胎兒的身心會造成很大的影響。

「日常生活中不容易遇到這種不安感和恐懼感。」

如果這麼想眞是幸福。

但是，能夠這麼說的人應該只是少數吧！與丈夫（對胎兒而言是父親）不和，或是丈夫有外遇，或是半夜時接到默默無語的電話，或丈夫沒有理由而在外住宿，都會令妻子感到不安。結果擔心可能會導致離婚。

這時大都會分必兒茶酚胺，一旦分泌後，透過臍帶，荷爾蒙會移入胎兒體內。這個作用會使胎兒的心產生不安感或恐懼感。雖然不知道造成恐懼的原因，但是卻形成一種膽怯、不安的狀態……，就好像不安神經症的狀態，會影響胎兒。

當然，對胎兒身心的發達也會造成不良影響。

■荷爾蒙與精神有關嗎？

與人體反覆出現緊張狀態與非緊張狀態的生理作用有關的，不只是自律神經的荷爾蒙而已。也包括第三章介紹的神經傳達物質中所含的荷爾蒙，它和人體的緊張、鬆弛狀態等可逆現象具有密切關係。

神經傳達物質的功能，具有二個方向。

其一是促進相鄰神經細胞的情報傳達，另一是加以抑制。神經傳達物質中，像谷氨酸、天門冬氨酸等，同時也含有去甲腎上腺素等荷爾蒙，各自負擔促進或抑制情報傳達的作用。

任何神經物質的增加或減少，都會使人腦興奮或是沉滯。

病。

也就是說，當某種神經傳達物質異常增加或相反地減少時，人腦都會產生各種精神疾病。

例如，沒有什麼外界理由卻突然處於激烈的興奮狀態，或相反地，情緒化或精神活動陷於沉滯、對事物不表關心。後者的現象類似精神分裂症的現象。最近開始認爲精神分裂症的疾病，可能直接由於神經傳達物質的異常所造成的。

不只精神分裂症，一種稱爲憂鬱病的精神病，其直接關鍵，可能也是神經傳達物質的異常。將這個現象逆轉加以考量，原來很難治療的精神病，可能藉由操作神經傳達物質就可以治療了。

遺憾的是，神經傳達物質與精神病的關連性研究，目前還沒有進步。只證明的確具有密切的關連。

由此可知，神經傳達物質，及其所含的荷爾蒙，與精神病有密切關係。由母體傳達到胎兒體內的荷爾蒙，有時可能與胎兒的精神疾病有密切關係。

■母胎的性荷爾蒙分泌異常會導致同性戀嗎？

由於母胎荷爾蒙長期留在胎兒身心上，對出生後的人生會造成很大的影響，像這樣的例子屢見不鮮。

例如，生殖器是男性生殖器，體格和喉結等也的確是男性的，也就是說，第二性徵是男性，但是思考和行動卻是女性。極端而言，形體是男性，意識（心）卻是女性。

以精神分析的範圍而言，與外觀無關，認爲自己是男性就是男性，認爲自己是女性就是女性，亦即所謂的性差意識。外觀上的確是男性，但思考和行動卻是女性的人，以女性意識來區別，應該算是女性。

像這種性格倒錯的紊亂，外觀的性與心靈不一致的現象，以往主要認爲是由於出生後父母的育兒行動所造成的。

希望是小女孩，卻生下男孩，結果父母展現好像生下女孩的育兒行動……。讓孩子穿女孩的衣服，生活起居都像女孩的樣子……。最近這種情形雖然不常見，但以前卻經常出現。認為女孩較易養育，為了讓孩子平安無事地長大，到一定年齡之前，將男孩當女孩扶養。

例如，取得四國全境，在投降於豐臣秀吉之前，支配四國的戰國英雄之一的長宗我都元親，在小時候就被當成女孩扶養。

此外，如果和姐妹們一同成長，平常的遊戲或言語行動都會變得女性化。

的確，出生後的生活習慣會造成某種影響。這是不容否定的。

但根據最近的研究，有的研究者認為胎兒期荷爾蒙的影響也會導致性格的錯亂……。

胎兒遺傳的性決定，與腦的性別決定間，產生了時間的差距。

在遺傳上，胎兒究竟是男是女，在受精時就已經由遺傳的性決定因子決定了。生殖器是男或女，在受精時就決定了。但腦會進行男、女型的性分化，大約在妊娠四～七個月時才開始。

胎兒的腦原本具備男女兩方的性質。

在這個階段之前，可能會形成男腦，也可能會形成女腦，胎兒性腺完成後，由性腺分泌的荷爾蒙會作用於腦，而分化為男腦或女腦，成為具備各自特性的腦。

胎兒由母胎供給的荷爾蒙絕對都是女性荷爾蒙。由這個意義看，胎兒體內充滿女性荷爾蒙，因此原本是由女性荷爾蒙支配一切。

但男性胎兒有睪丸誕生，分泌出男性荷爾蒙。男性荷爾蒙作用於腦時，胎兒的腦就會成長爲男腦，也就是說，男性荷爾蒙是否能發揮作用，是決定成爲男腦或女腦的關鍵。

由此可知，男胎兒的腦是由自己分泌的男性荷爾蒙分化、發達爲男腦。這個腦的性分化，不光只是由自己分泌的男性荷爾蒙決定，母胎「輸入」的荷爾蒙也具有微妙的關係。

第三章中曾說明，如果「母子分離」異常提早或強烈發生時，即使未導致早產、流產、死產，可能會使男性荷爾蒙的分泌不良，結果受到來自母胎的女性荷爾蒙的影響，雖然遺傳上是男性、生殖器也是男性，甚至具有睪丸，但只有腦是女性化的。

如此一來就會生下性別倒錯者。

在腦的階段造成性紊亂的直接關鍵，就在於胎兒腦的性分化進行的四～七個月時期，母體承受很大的壓力所導致。

因此，如果不希望自己的孩子成爲性別倒錯者，在這個時期特別應注意避免承受壓力。

■母胎荷爾蒙會影響心理方面

由以上敘述可知，母親所分泌供給胎兒的荷爾蒙，對胎兒的生理方面、生理成長會造成很大的影響。但是，母親的荷爾蒙不只在生理面會造成影響，對於心理方面也會造成影響。

如第一章所敘述的，胎兒已經具有學習能力意識、自我等高水準的智能。

例如在第一、二、三章所說明的，胎兒藉由母親供給的荷爾蒙，識別外界的明暗。人類的意識最初是被動的。之外，也就是自己以外的世界，認爲是完全沒有變化的世界，如果這樣的話，也許胎兒的世界就無法開花結果了。但了解外面的世界有時明亮、有時黑暗，不斷地產生變化，胎兒就會覺得：

「這是怎麼一回事呀！怎麼搞的。」

開始思索。蘇格拉底說：「人類因爲有疑問，才開始思考。」這個疑問並不是蘇格拉底的專利。胎兒也擁有疑問而開始感覺、開始思考，漸漸地形成胎兒意識與自我。

本章中說明了好幾次，來自母親荷爾蒙的情報和刺激，不只與「明」和「暗」有關。事實上會帶來非常多的情報和刺激。而且這些情報和刺激的內容，會因母親的心情、體調等，產生微妙的變化。

胎兒會想：

「到底是怎麼一回事啊！」

抱持疑問，開始感受、思考，漸漸地形成高次元的意識和自我。由這個意義看，胎兒期由母親荷爾蒙得到的情報和刺激，對於胎兒出生後的性格，智能和感受性等會造成很大的影響。

舊約聖經在開頭中說：「先有語言，語言成爲神」，我認爲在這種情況下也是如此。

「先有母親的荷爾蒙……」

■形成個性的荷爾蒙的存在

新生兒室中有很多剛出生的嬰兒。仔細觀察時，會發現即使剛出生不久，卻有各種不同的個性。剛出生後的產聲不同，哭泣的方式也不同。手的活動方式、舌頭活動的方式及吸奶的方式也各有不同。

有的嬰兒出生後不久，就對周圍的事感興趣；有的嬰兒則完全不關心。

以往認為嬰兒出生時像一張白紙一般，但是最近的醫學和心理學陸續證明，嬰兒出生時絕對不是一張白紙，在出生時就已經具有個性了。

有句話「三歲兒能知百歲魂」，也就是說，嬰幼兒時的經驗，是決定性格與能力的基礎，這個想法的根源在於佛洛伊德所說的「幼兒期決定說」。佛洛伊德提出神經症的主要原因在於嬰幼兒期母子關係的理論，由這個理論開始重視「三歲兒的魂」，但這個說法後來經過許多研究者的研究，一一加以否定。

現在仍有學者提倡幼兒期決定說，這些人的說法認為，出生和性格的形成，是因為想要配合嬰兒的個性，給予嬰兒所希望之刺激的大人所造成的。就好像是丟嬰兒喜歡接的球給他接，而逐漸形成嬰兒的個性。

當然是……。

我認為與其重視幼兒期決定說，還不如重視胎兒期決定說。佛洛伊德認為嬰幼兒期的母子關係，事實上在胎兒期已經形成了……。關於這一點，第一章已詳述過。胎兒期的性格形成到底是怎麼回事呢？

一大要因就在於荷爾蒙。

由母體荷爾蒙所得到的情報和刺激，嬰兒掌握後而選擇快與不快，利用直覺而感受、學習，而形成個性……。什麼會令他覺得舒適，什麼會讓他覺得不快，喜歡何種刺激，對於何種事物會產生反應，這也許是遺傳要素，可能是物理的環境要因。此外，味道的喜好或香氣的喜好，以及母親的喜好等，能敏銳地加以分辨。對於這個味道會感到安心，對於這個氣味會感到安全等等，也許是以動物的直覺加以接受。

總之，這些遺傳要因、環境要因，以及荷爾蒙的複雜糾葛，形成胎兒的個性。

出生後嬰兒的樣子，我們可以藉著觀察表情，給予刺激而加以判斷確認，但遺憾的是，在胎兒期間卻無法做這樣的判斷。因此在這個時期，到底給予何種刺激，會做何種反應，無法加以判別掌握。現在，對於胎兒期的胎兒到底是否具有資質開發的手段，目前仍不得而知。因此一切都是推論，沒有結論。

但目前可了解的是，在母親腹中成長的胎兒，不管具有何種個性，的確是你的孩子，能從身爲母親者身上，接收所有的情報，這的確是事實。

除此之外，就是神才知道的世界了。關於前述的胎兒期的狀況，的確對於胎兒的性格和個性會造成很大的影響。

因此，我要再次強調，調整母體環境，希望你所分泌的荷爾蒙，對胎兒能造成良好的影響與刺激，重新評估自己的生活等，都是非常重要的事情。

第5章

母親的心意會傳達給胎兒了解

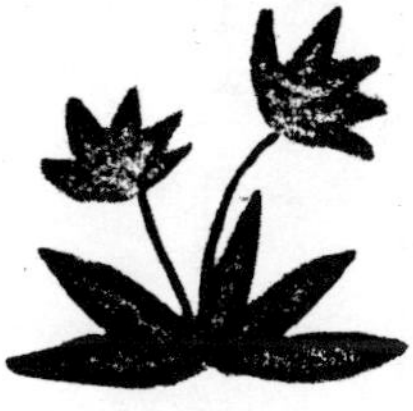

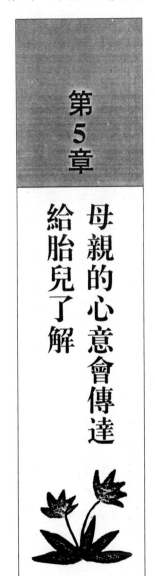

■夫妻爭吵的壓力對胎兒會造成不良的影響

英國的迪尼斯特特博士所進行的調查中，有一項頗耐人尋味的調查是「妊娠中的母親承受何種壓力時，對胎兒會造成最不良的影響」。

調查出生時擁有某些毛病的嬰兒，在胎兒期的母胎環境，了解這個時期母親承受何種壓力做統計處理，調查到底何種壓力會對胎兒造成障礙。

結果發現，障礙發生率最高的壓力就是夫妻爭吵的壓力，其次是精神打擊、與鄰居爭吵、胃潰瘍、貧血、高血壓、父母之死、重勞動工作等。

當母胎承受這些壓力時，對胎兒當然會造成不良影響，即使不會造成毛病，也可能會導致情緒不穩定等不良的性向出現。簡單地說，胎兒在母親腹中時，母親如果焦躁，就會將焦躁情緒傳導給胎兒，而造成某些影響。

這些不良影響的原因，斯特特博士解釋爲由於壓力荷爾蒙的分泌所造成的。

壓力荷爾蒙與本書第四章所介紹的去甲腎上腺素或腎上腺素，同樣是會對身體產生作

用的荷爾蒙。

壓力荷爾蒙並不是引起壓力的荷爾蒙，而是能創造身體抵擋壓力狀態的荷爾蒙。第四章已具體說明。亦即，不管面臨任何事態時，身體立刻反應對應，使身體置於緊張狀態的荷爾蒙。

本章對於壓力的說明很多，在進入本題之前，爲各位簡單說明壓力的眞相。

壓力是人類爲了解決困難，而產生的一連串身心狀態。

我們可以用橡皮或橡皮球的例子說明壓力。用手指按壓橡皮球時它會凹下去，放鬆時又會恢復原狀。按壓時裡面的空氣受到壓縮，放鬆時又會恢復……。橡皮也一樣，一拉時會伸長，放鬆又回到原狀。像褲子的鬆緊帶就是利用這個力量。不論是橡皮球或橡皮，在普通的狀態下，加諸力量時，會產生凹陷或拉長，同時也能表現立刻恢復原狀的力量。這個加諸的力量稱爲應激子，是引起壓力的要因。使其恢復原狀的力量，就是壓力。

因此，我們一般所說的「壓力」，具有應激子和壓力二種意義。雖然能嚴格加以區分，但在一連串的狀態下，我們將這些作用總稱爲壓力。

所有並非通常的狀態，都是壓力的原因。包括精神要因、肉體要因、寒暑等，都是壓力。但一般是以精神方面的壓力加以使用。

如果我們置身於非通常的要因或應激子中，身體會加以對應，就會驅使各種機能展現配合這些狀態的動作。

簡單地說，就是肉體狀況中，以體溫爲例爲各位說明。體溫經常維持穩定，幾乎不受外氣溫的影響。寒冷時身體會發抖，就是藉由細胞的震動而產生熱，爲避免對生命活動產生阻礙、維持體溫穩定的反應。天氣熱時，就會利用發汗作用，藉由氣化熱的作用使體溫下降。

這是在大腦中的體溫調節中樞爲了維持體溫穩定而採取的對應。如果能進行正常的體

心理測驗5

看起來像什麼
1. 張開手臂的女性
2. 海峽地圖
3. 飛過山頂的飛機
4. 伸展樹枝的大樹
5. 隨季節移動的候鳥

（結果見 P183）

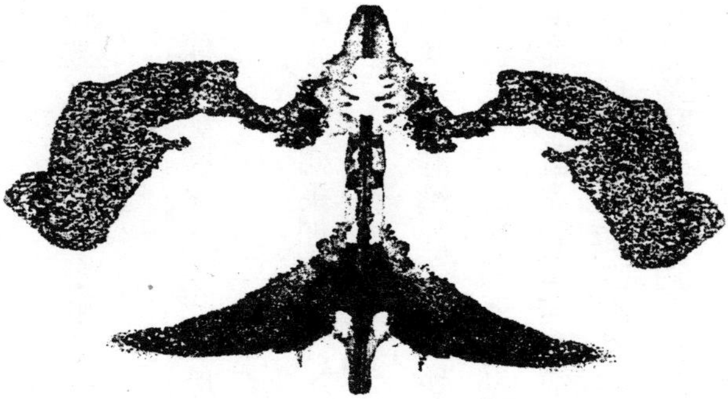

p127・心理測驗4的結果
1. 富於憧憬型。請展現積極的行動。
2. 努力型的妳，即使遇到一些困難也會努力渡過。
3. 富於協調性的妳，和嬰兒能好好相處。
4. 充滿能量的妳，即使嬰兒成爲妳的束縛也不要緊。
5. 擁有自信能夠前進妳，必須注意不要過度自信。

溫調節作用，體溫便能保持穩定。

能夠順暢調節這種機能，對於刺激能恢復爲一定生理基準值的構造（身體恆常功能）如果能保持，就能得到健康。

但是，如果超越保持身體恆常功能的範圍之刺激出現時。機能減退、無法發揮作用，這種狀態就是發生疾病。

因此，保持生物體恆常狀態的範圍中，如果加諸壓力，即使接受適度的刺激或緊張，也能提升機能。

造成適度緊張程度的壓力，是提升人類的壓力，稱爲快壓力（好壓力）。相反地，當刺激或緊張過強時，機能減退而導致機能不全的壓力，稱爲不快壓力（壞壓力）。

加諸壓力時，身體會發揮適應的作用，就是藉著自律神經系統和內分泌系統進行的。自律神經系統會使心跳數、心臟送出的血液量增加、血壓上升、呼吸數增加而加以對應。內分泌系統則會由腦下垂體或副腎皮質系統發揮作用，分泌對抗壓力的荷爾蒙，像腎上腺素或去甲腎上腺素等壓力荷爾蒙，會大量、長期地分泌，使人類身心長時間置身於強烈的緊張狀態中。如此一來當然身心會失調，也會引起前述的身心症狀和神經症狀。

■壓力荷爾蒙會影響胎兒

過重的壓力造成的影響，如果僅止以母體內部，對胎兒而言就不會造成任何問題。

但是如第四章所說明的，壓力荷爾蒙分泌旺盛時，母親的心臟機能亢進。心臟功能亢進時，心音會高揚、作動迅速，使得原本喜歡聆聽母親平靜心跳聲而產生安心感的胎兒，因爲心跳聲的變化而感到驚訝或混亂，導致情緒不穩定。

不僅如此。當承受強烈壓力下的母體分泌的壓力荷爾蒙透過臍帶進入胎兒體內，使胎兒的心臟機能亢進、血壓上升，此外，壓力荷爾蒙會導致心理的不安感和恐懼感，長時間持續時，對胎兒會造成某種影響而產生身心症狀或神經症狀。

其結果，如斯特特博士所調查的孩子一樣，在出生後會留下某些障礙，這也沒什麼奇怪的。

斯特特博士的研究不能算是絕對性的研究，但是的確具有這種可能性。

因此，儘可能不要承受壓力。但生存在現代，無法脫離壓力，所以要努力做到承受適度的壓力或快壓力的範圍。或是具備使不快壓力轉換為快壓力的智慧，或是培養壓力消除法。察覺身體的不快感，察覺當成警戒警報的身體異常的現象，而儘可能進行自我防衛。

■能夠愛自己、愛周圍的人

美國某間大學進行有趣的實驗。在某醫科大學，進行壓力和免疫能力的相關實驗。如先前敘述的，荷爾蒙與免疫機能有密切的關係。壓力增加時，荷爾蒙分泌異常，結果使免疫能力減退。相反地，當人類的身心維持平衡狀態時，免疫能力會提高。這個實驗似乎有點惡作劇的情形。在期末考之前聚集幾位學生，測定他們的免疫能力。

大家都知道，美國的大學和國內的大學不同，是「入學比較容易，要畢業或升級較困難的」，因此如果成績不好，就無法順利畢業。

在醫學部學習的學生，很多人都是得到各種獎學金，但一旦被刷下來或成績不好，當

然不可能得到獎學金，所以學生都會拼命努力用功。

拼命的學生，也就是希望自己的成績愈來愈好、競爭心旺盛的學生，在日常生活中不會將自己的筆記借給其他同學看的學生，當然壓力增高，免疫能力極度減退。但相反地，富於協調心、博愛心，很少上課的學生卻，

「啊！可以呀！」

會輕易將筆記借給其他同學的學生，壓力較低，當然免疫能力也非常高。

這些學生都是較大而化之，很少有神經衰弱或神經煩惱的學生。

像這類能愛自己、愛周圍衆人的人，與免疫機能有關的荷爾蒙的分泌狀態非常正常，同

時免疫能力提高。當然，與免疫機能相關的荷爾蒙分泌及其他的荷爾蒙分泌都非常正常。

利用這個實驗，如果能愛自己、愛周圍的人，擁有胎兒、不希望胎兒受害的母親，相信因此可消除壓力。

■對胎兒造成不良影響的壓力

先前說明斯特特博士的「對胎兒造成不良影響」的壞壓力有以下特徵：

①屬於個人化的壓力。

②連續性、反覆性的壓力。或是有這一類懷疑的壓力。

③認爲不可能解決，或是不得不認爲根本無法解決的壓力。

最初的「個人的壓力」，舉例說明，像夫妻之間的不和，這種發生在身邊的個人壓力。

與自己無關的事情，不論發生任何大事件，聽到一些悲慘的事實，因爲不與自己有關，相信即使覺得痛心，對胎兒也不會造成影響。

接著「連續性和反覆性的壓力」，例如，和丈夫不和不是暫時性的，而是長時間持續，或是一旦消除後又發生的壓力。例如，當妳懷孕時丈夫在外風流，和對方藕斷絲連，或重複出現風流的情形。

這類壓力很明顯會對胎兒造成不良影響。此外，即使反省自己在外風流是不對的，丈夫眞的和風流的對象分手，可是丈夫晚回家、或因工作而必須在外住宿的事情連續出現時，雖然實際上不具有連續性和反覆性，但是對胎兒還是會造成不良影響。

最後所謂「不可能解決的壓力」，也許妳認爲和這種風流的丈夫分手也無妨，可是卻無法捨棄在腹中成長的胎兒……，因此必須要忍耐這些事情，這種無法說出口的狀態所造成的壓力。

也許實際上有解決的手段。可以斷然和丈夫分手，自己獨自撫養嬰兒，如果下定這種決心就可以說出口來。但是卻無法做出這種決定……。

憎恨丈夫、討厭自己，在這種惡性循環下，相信不只是斯特特博士，大家似乎都可以了解到，對胎兒會造成不良影響。

■母親的情愛訊息可保護胎兒避免壓力之害

斯特特博士調查「給予胎兒不良影響之母親的壓力」，結果的確非常具有刺激性。妻子懷孕時丈夫的外遇，是絕對不可模仿的。即使丈夫沒有外遇，爲了體貼肚子愈來愈大的妻子，無法像懷孕之前過著夫妻生活時，做母親的當然也會胡思亂想。

「肚子大了不好看，可能他討厭我了……。」

這麼久的時間，丈夫一定無法忍耐，一定會抱其他的女人……。」

相信有這種想法的不只是你而已。妊娠後期的女性大都會對丈夫抱持不信任感。

這時如果能夠「愛自己」、「愛周圍的人」就會覺得輕鬆了。一切都可做好的解釋，也許肚子逐漸變大，和懷孕前苗條的體型完全不同，不要覺得不好看，反而是在腹中孕育新生命，應該視爲一種驕傲。

認定正在懷孕的自己，也認可寄宿在自己體內的新生命，同時也要認可稱爲父親的丈夫。

如此一來，便可將溫柔的訊息傳達給腹中的胎兒。胎兒也許和你承受同樣的壓力，狀況可能比你更爲痛苦。

這時你就要送出溫柔的訊息安慰孩子。

「不要緊的，不要擔心，爸爸一定會保護我們。」

「爸爸一直在等你出生呢！」

可以一邊這麼說，一邊用手輕柔地摸肚子撫摸胎兒。

持續送出這些情愛的訊息，即使不是根本解決之道，也能使胎兒恢復元氣。情愛訊息是提高壓力耐性的好方法。母親自覺現在承受強烈壓力時，要將比平常更濃厚的情愛訊息傳達給胎兒知道。

■提高壓力耐性

藉著傳達情愛訊息，減少胎兒自身的壓力。關於這一點，各位可以做以下的想像：

在你幼兒時代，是否曾和母親手牽手，走在黑暗的道路上呢？

母親在身邊即使默默地走著，因爲害怕而可能想哭，這時，母親緊緊握住你的手，對你說：

「不要緊，爸爸會來接我們，很快就可以見到爸爸了，你可以安心了。」光是這麼說，就能消除不安與恐懼感，而產生元氣了吧！

同樣地，即使母親這時也感覺不安與恐懼，雖然慌稱爸爸會來接你，卻能使你擁有元氣……。

現在你也即將成爲人母，如果也對胎兒送出同樣的訊息，相信就能使肚子裡的胎兒恢復元氣。但這並非根本解決之道。

因爲即使母親建立勇氣、擁有元氣，在母親體內的荷爾蒙，仍會傳達恐懼，這時胎兒也會持續輕微的壓力。

根本解決之道是，至少必須減輕自己的壓力到不會影響胎兒的程度，因此可以考慮以下幾個方法。

先前曾叙述，適度的壓力能夠提升人類，不僅如此，反覆承受適度的壓力，就能提高壓力耐性。

寒冷時跳進熱水中也許無法動彈，但漸漸習慣熱度後，就會覺得很舒服。同樣地，從明亮的地方突然到暗的地方，什麼也看不到，但是習慣後就能看淸楚了。

如果遇到幾次適度的壓力，漸漸就能習慣壓力，對於這類壓力的身體反應就會逐漸減少。

當這種壓力耐性降低時，一旦承受壓力——

「該怎麼辦才好呢？」

出現混亂的傾向。所以在確認壓力的眞相時，應該先考慮「該怎麼辦？」的解決法……。可是有時敵人的眞相不明，所以考慮「該怎麼辦」無濟無事。因爲根本無法擁有好的構想。

因爲無法擁有好的構想，而憂鬱地思索，的確是無意義的行爲，只會使自己心情焦躁，陷入泥沼中。如果能提高壓力耐性，這時就能考慮「應該做什麼？」

例如，半夜時孩子突然發高燒，這是初次的經驗，這時不可以手忙腳亂。

「該怎麼辦呀？會不會就這樣死掉了。」

會這麼想是壓力耐性較低的人。

「應該叫救護車還是觀察狀況呢？」

會這麼想是壓力耐性較高的人。

要將焦點集中在不斷地判斷與決定，而思考「應該做什麼？」

如此便能浮現具體的行動。到底要帶孩子到醫院或先測量體溫再決定。由測量結果而決定要送往醫院，或叫救護車來。接下來的課題會陸續浮現在腦海中，並且進行合理的處理。

這種不講究方法論而以目的論爲優先考慮的思考、行動，是比較好的方法。如果以目的論爲優先考量，

①能夠了解事物的重要度。

②能夠使狀況客觀化。

產生這些優點。以方法論爲優先考慮，就會產生忽而往左，忽而往右的紊亂情形。

所以，不應該是「該怎麼辦」，而應該是「應做些什麼……」，這種想法實際上是源於行動科學。藉此就能從煩惱中解放出來，而成爲非常有效的壓力消除法、解決法及發想法。

■展露笑容的荷爾蒙效果

其次最重要的就是不要忘了笑。當然，承受壓力時根本就沒有心情笑，但即使在悲慘的狀況中，根本不想笑，也要做出笑的樣子，展露笑容。

哲學家貝魯格森就說：

「笑是最高度智慧的產物。」

藉著笑和幽默，就能重新使你擁有形成高度智慧作業的能力。笑、幽默也能使你具有使自己所置身的狀況客觀化的力量。能進行笑之高度智慧的作業，就能客觀觀察事物，藉由客觀的觀察，就能浮現對壓力的有效消除法。

笑容的效果不僅如此。

藉著笑容，口和眼連結製造表情的大頰骨肌能夠收縮，刺激胸腺。對免疫機能而言，胸腺是能夠分泌非常重要荷爾蒙的器官。刺激胸腺就能使荷爾蒙分泌旺盛，提高免疫力的

T細胞功能活性化。相反地，哭泣或痛苦時，嘴角抿成「ㄟ」字形的表情，會使得口角下制肌收縮，減弱胸腺機能。

因此，即使不想笑，也要做出讓嘴角上揚的表情。展露笑容，嘴角上揚或向下，會使荷爾蒙的分泌產生變化。

在哈佛大學所進行的實驗結果，發現免疫中的r球蛋白A值會明顯上升。此外，腦波也會產生明顯的變化。眞的笑得打滾後的腦波，會出現α波、β波。也就是腦得到平衡，心情穩定時的波形。

現在甚至進行藉著笑容治療疾病的實驗，發現確實能提升效果。所謂「笑門福自來」。知道道理後，請開始向表面的笑挑戰吧！

■發出聲音能夠發散情動

發散情動的方法，就是大聲喊出來。發出聲音的確是非常重要的發散法。在卡拉OK高歌一曲也是很好的方法。

「挺著大肚子唱卡拉ＯＫ，眞是難爲情呀！」

就算你這麼想，還是可以去卡拉ＯＫ，唱首歌能使你的心情變得非常開朗。

即使不去卡拉ＯＫ，在不會打擾鄰居的程度下，可以自己在家中唱唱卡拉ＯＫ。

如果爲丈夫的事而生氣時，可以大聲地罵出來。反正沒人聽到，可以儘量地怒吼。

「這太過份了吧……。」

如果你這麼想，可以打電話和朋友聊天。最好找擁有生產經驗的人聊天。

利用電話將自己心中的想法坦白向對方說出。如果知道在妊娠中不論是誰都有同樣的煩惱，任何人都有這些不安時，就能使情緒穩定下來。

這是處理壓力的方法，也是具有實踐效果的方法。當壓力升高，罹患身心症或神經症時，負責治療的醫師非常重視「協談」的方法。藉著與患者的對話來治療。減輕身心症或神經症症狀的人的確存在。

這就是因爲對於醫師這類「自己不介意的人」說明自己心中的想法，而產生的治療效果。

這種協談治療法的秘訣就是，即使了解解決方法的醫師，也不能自己主動做指示，而必須患者本身「洞察」狀況及脫離狀況的方法，才是眞正的治療。也就是說，身心症或神經症的問題不只在原因而已，眞正的原因潛藏在能夠擊潰原因之自己的心中，自己發現自己，才能找出解決之道。

妊娠中有壓力或煩惱時，與神經症和身心症不同。但是用同樣的方法卻可以解決。可以說是有效的壓力消除法，不要獨自煩惱，可以發出聲音坦白告訴他人。

■腹中的胎兒希望些什麼？

對胎兒而言，最不良的影響就是母親的壓力，但生活在這個時代中，不可能過著與壓力無緣的生活，因此巧妙地迴避壓力，不承受壓力是最重要的。

更重要的是，當壓力來臨時，要與壓力作戰，不可以輸給壓力。

即使再忙碌，如果自己喜歡這項工作，而且具有不得不做的目的意識，即使熬夜也會努力加班，這時就不會成爲壓力。無法成爲自己喜歡做的事情才會成爲壓力。如果非常討厭的工作卻又勉強去做，就會成爲壓力。雖然很討厭，可是沒辦法，一定要熬夜時的心情……，當然會成爲壓力。

現在在妊娠中的妳受到某種程度的行動限制。至少要穿低跟的鞋子、不能跑、不能攀爬到高處拿東西等等。因爲工作的母親當然不能再像以前一樣地工作。尤其是接近生產期，必須要全面休假休息。考慮這些問題時，更會提高壓力。

最重要的是自己爲什麼要懷孩子，對於孩子有什麼期待之心，要有明確的目的意識。

如果能夠了解，通常就能迴避壓力。就好像做自己喜歡的事情，即使熬夜也不在乎一樣。

到目前爲止，已敘述了胎兒的性格、意識、自我形成是在胎兒期出現的。同時也敘述了會接受來自外界直接、間接的刺激，而形成這些部分，所以應該怎麼辦才好呢……？

抱持何種目的進行胎教呢？

當然，最大因素在於要生下「好孩子」。腹中的孩子到底是怎樣的胎兒？具有怎樣的性格？如果妳沒有任何計畫，也不想學習育兒的問題，恐怕就不會閱讀本書了。

在妳的意識中，如果有想要生下「好孩子」的願望，妳就會閱讀育兒書，而且儘可能希望爲孩子做一些好的事情。

問題就在於此。

妳所期待的「好孩子」是怎麼樣的孩子呢？

「健康、開朗的孩子。」

「平凡也不要緊，能過著幸福生活的孩子。」

「只要有元氣就好了。」

也許這是許多人的答案，但眞的是如此嗎？事實上，如果出生後的嬰兒不能按照月齡的標準活動，不吃、不喝，以成長的趨勢來看，距離標準落後太多，甚至無法說話……等等，這些成長過程中的細微問題，當然會令妳非常在意。

再長大一些到幼稚園去上學，卻被其他的孩子欺侮、不能像其他孩子一樣活潑地活動，不能畫畫、不能寫字，這些都會成爲煩惱。在幼稚園，老師說：

「妳的孩子好像發音太遲喔！」

這一番話雖然是提醒妳注意，但無疑是給自己的孩子貼上無能的標籤……。

現在在腹中的胎兒只能和妳對話，即使和同樣懷孕的母親們談話時，也無法比較腹中的胎兒，只能說一些抽象的事情。但是當胎兒出生後，就會投入一個競爭的社會中。

的確，這些都是錯誤的競爭。原本每個孩子都有自己的個性，如果只看其中一部分而比較優劣，實在是很無意義的作法。這在將來出版的父母學、育兒革命中會做介紹。總之，這就是事實。

嬰兒一旦投入競爭社會中，就好像捲入聯考的考生一樣。當然，與妳體驗的聯考戰爭和現在的狀況有點不同。狀況雖有不同，還是會捲入這些狀況中。

的確，希望擁有健康、有元氣、開朗的孩子，但如果成爲一個無法應付考試的孩子，或是落伍者，或被貼上問題兒童的標籤，你仍然覺得無所謂嗎？

剛開始的育兒最需要的，就是不管什麼時候，都認爲「無所謂」來從事育兒工作。不論面對任何困擾，都必須認爲「我的孩子是最好的」，以這樣的方式育兒。對於胎兒期開始的育兒而言，這些都是必要的。所以，你所想的「好孩子」的概念應該要更明確才行。

■孩子的能力基礎在胎兒期已經形成

只要好好擁有「好孩子」的概念，妳的壓力就能減半了。即使身爲父親的丈夫晚點回家或在外住宿，如果妳對腹中的胎兒有目的意識，就能將自己的焦躁朝向積極改善的方向行動，面對目的通常就能忍耐。這個忍耐就不會成爲壓力。就好像自己喜歡做的事情，即使熬夜工作也無妨。

你所想的「好孩子」是由你自己決定的。以下介紹我所想的「好孩子」的概念。我認爲幼兒期的「好孩子」，就是能夠完全進行人格形成，表現穩定人性的孩子。人格的形成是由五大要素支持。由這五大要素的發達情況，就能決定孩子的能力。

這五大要素是：

①感覺的運動要素

從反射反應的程度開始，配合興趣、關心而加快行動的速度、次數、持續等，藉著簡潔的行動水準培養要素。

②感情的行動要素

從單一的欲求水準行動，變成承認對方，而藉著欲求的變化及心的萌芽，藉著行動來培養的要素。

③表現的思考要素

藉著對話與溝通培養的自我表現要素，是藉著邏輯歸納法而培養的要素。

④目的的操作要素

藉著語言的獲得與實體的把握，藉著與預測一致的意圖的行爲確認目的，藉著意圖行爲培養要素。

⑤智慧創作要素

藉著學習的集約，縮短達成成果的時間，或藉著創作等培養的要素。

這是五項要素。這五項要素過與不足都不好。除了這五項要素要求的成長中的孩子，就是一般社會所說的「好孩子」。

這五項要素包括大人、小孩在內，對人類而言都是如此。

請考慮以下內容：

支持桌子的是四隻腳。支持人類能力的是五隻腳。五隻腳的桌子能夠支持妳，成爲人類的能力。

當桌子的腳全部都較短，全體能力就會降低，但是如果全部降低到同樣的高度，人類還是能維持穩定。即使沒有高的能力，卻能牢牢地站穩腳步度過人生。

但是如果腳有長有短，桌子就會搖晃，人生也會變成不穩定。長短差距愈大，就更欠缺人性了。

因此，首先最需要的就是這五要素不能過與不足，要保持同樣的長度。穩定後再逐漸地發展，逐漸提高高度，也就是逐漸提升階段……。

剛出生的嬰兒由於胎兒期的刺激，這五項要素當然會產生長短，成爲剛出生嬰兒的個性。如果在嬰兒期只注意其中一種要素，就無法形成完善的人類。

請考慮以下情形：

這就好像義務教育的科目一樣。五項資質是五個主要科目，例如只有國語的成績得到優等，而其他全部都得到丁或戊的成績，當然沒辦法接受考試。任何人都不會說這個成績是好成績。成績好必須是全都接近優等的狀態。在這個狀態下，健康、開朗、有元氣的孩子，才是一般所謂的「好孩子」。

如果這個孩子擁有很好的國語能力，是其他人所不及的能力……，這就是他的個性。個性就算放任不管，也會不斷地提升。問題在於其他較低水準的要素。

要提升這些低的水準建立一個安定的階段，再將這個階段逐漸提高……，這才是育兒的基本。在必須進行育兒行爲的年代，一定要使階段穩定，然後再慢慢地提升，這才是育兒的目的。維持一個平穩的階段，才是育兒的主題。

這個主題從胎兒期就已經開始了。

在胎兒期建立了這些階段的基礎。

胎兒期已經完成了基礎工程。以家來講，就是已經設計、釘好支柱的狀態，但是還沒有上樑。因此還有足夠的時間可以切磋琢磨。

這個育兒理論稱爲「階段理論」，在出生後的育兒工作中，可充分地加以補正、開發。在父母學、育兒革命系列的『母親革命』、「嬰兒革命」中具體爲各位敘述。但是，在此希望各位記住的是，腹中的胎兒不能光是希望他成爲「好孩子」，必須要擁有明確的目的意識。

不論母親現在是否具有這些目的意識，隨著嬰兒的成長，就可以選擇適合嬰兒的成長，母親會發現違反現在目的意識與期待的現象非常多。這也無妨，因爲目的意識不能支配孩子的一生，這只是母親所需要的意識而已。

「好，就培養出這樣的孩子吧！」

當妳很有元氣面對生產的時候，只要有這種想法就足夠了。妳的想法會讓胎兒了解，並且產生相近的反應。

第6章

誕生是從樂園中被趕走嗎？

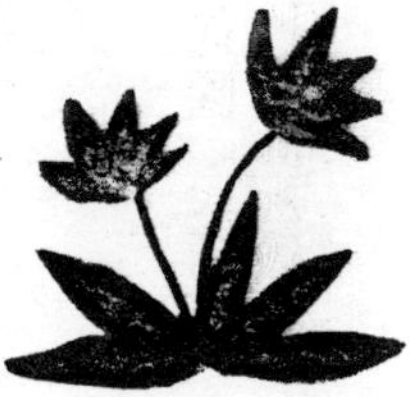

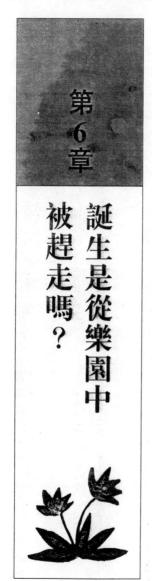

■亞當與夏娃的故事所隱藏的意義

即使沒有看過聖經的人，也知道最初的人類亞當與夏娃被神從伊甸園中逐出。因爲偷吃禁果而觸怒了神，從伊甸園，也就是天國中被放逐，這就是聖經的開頭，關於「天地創造」的故事。

禁果是傳授智慧之果，吃了智慧之果的亞當、夏娃擁有智慧，因此觸怒了神而被逐……。基督教認爲人類的原罪是從這裡開始的。

但是，擁有智慧爲什麼會成爲必須被趕出天堂的大罪呢?昔日，很多人都在想該如何解釋其理由，脫離宗教支配的進化論者，認爲這是暗喻人類進化的寓言……，做了這樣的解釋。

根據這個解釋，自古以來在人的內心深處認爲，

「具有智慧的人是不幸的。」

感到後悔莫及。智慧＝理性。智慧也可視爲語言、意識或自我。

不論是理性、智慧、語言、意識、自我都可以，屬於同樣範疇的概念。也就是說，偷吃禁果而人類發現了「自我」的存在。

進化論者對於亞當、夏娃的故事所隱藏的意義，大略的解釋是這樣的：

「語言實在是不可思議的東西。有了語言才有事物的存在。應該說在語言之前，世界就已經存在了。當然也有事物的存在。即使沒有『自我』這種詞彙，但『自我』這個『實體』是存在的。但是在語言發明之前，人類祖先的腦海中，所有的事物都混沌溶合在一起，即使有『自我』這個『實體』存在，也無法認識這就是自我。

但是，促進腦和手指發達的智慧萌芽

後，開始考慮自我這個『實體』似乎是一種特殊的存在。

與附近的石頭、林檎、豬都不同，是一個獨立特殊的存在……，嘗試將這個存在稱爲『自我』，將與自己不同的東西稱爲『石頭』或『蘋果』，這時『自我』這個獨立特殊的存在的性格就出現了。

人類祖先在發現意識、語言、自我的瞬間，已經不再是祖先，而開始走向人類之路。猿猴與人類進化論的分歧點就存在於此。爲了權宜之計，使用『瞬間』這個詞彙，事實上，卻是經由長年的歲月而進化。人類的進化還是要付出代價，也就是喪失與自然世界擁有一體感的代價。以往自己是與自然世界無法區別的一體，但是自從有了意識、語言、自我後，淸楚地成爲不同的存在。一旦喪失這種一體感後就無法再取回。自己孤立後的自然世界，成爲其他的存在。呀！我根本不應該擁有意識、語言或自我……。所以在亞當與夏娃從天堂被逐出的寓諺故事中，隱藏著人類後悔的念頭。」

這的確是一針見血的想法。至少我認爲如此。因爲不只是基督教，包括原始宗教在內，世界上大部分的宗教都對於喪失與自然世界的一體感，感到後悔、失望和絕望。因此死後想要回歸自然，與大自然成爲一體化……。爲了得到一體化，因此儘可能要接近自然，爲了接近自然而必須悔改所有的罪，必須要加以補償……。

也就是說，當從包住自己的「子宮」中被放出來時，「誕生」在這個充滿意識、語言、自我的嶄新世界時，對人類而言是一大打擊。

■胎兒也是從天堂被趕走的人嗎？

前述宗教觀的人類誕生。不過，誕生對胎兒而言的確是一大打擊。希望各位能了解這一點。

胎兒在誕生的瞬間，事實上失去了很多東西。

首先是自己什麼也不用做，就能自動得到營養物（透過臍帶）的快樂生活已經喪失了。出生後要靠自己的力量吸吮母親的乳頭，靠自己的力量吸吮母乳，靠自己的力量吞下才行。

失去了一直包圍自己的舒適居住環境。有時必須移居到太冷或太熱的世界，因此必須穿著衣服這種裹住身體的麻煩東西。

此外，從只有吸取音或光刺激物的安靜世界中，搬到充滿噪音、眩目的世界中。

從感覺舒服的水（羊水）塡塞的肺開始抽取掉水，在誕生的同時，會有熱且充滿刺激物的空氣流入肺中，此外……。

請不要想胎兒誕生的瞬間是小小一個生物，從一個居住環境被迫搬到另一個居住環境的情形。新的居住環境眞的比先前的居住環境住起來更舒服嗎？

甚至有的學者認爲，研究胎兒居住的子宮時發現，對人類的居住環境而言，沒有比母胎更舒適的場所了。

佛教之祖，釋迦牟尼認爲人類宿命之苦的「生老病死」四苦，而不斷思索如何從這四苦中逃脫，這就是佛教成爲一大宗教的理由。佛教以某種意義來說，具有哲學意味。這是因爲並非藉由「佛」這種他者來加以解救，而是自己心中存佛才能得到解救。

只有鑽研自己才能得到解救。當然這與信奉一元神的宗教有點不同。

釋迦所說的「四苦」中的「生」，一般人會以爲是「生存」，我認爲這很明顯就是「出生」的意味。

人類的誕生絕對不是快樂可喜的現象。「誕生」本身就是一種痛苦，而「苦」的實態，釋迦已經察覺了……。

雖然新生命的誕生是件可喜的現象，卻將其視爲是人類之苦的釋迦，可能是從胎兒痛苦的表情中，領略到最初的苦吧！

最近，甚至有人說生產是一種暴力，以某種意義而言，我認爲說法很正確。

當然這只是假設。但是，運用現代醫學加以探討，誕生對胎兒而言，的確是一種痛苦。

■花了長時間證明其存在之出生時的記憶

嬰兒出生時保留記憶的報告，在距今一百年前，由精神科醫師提出。但現代醫學還是加以否認。也許因爲接觸的，是神聖不可侵犯之神的領域吧！實際上不能做人體實驗，既然不是用人體做實驗，任何實驗都毫無意義，因此，無法脫離假設的範圍。

沒有科學的證明就毫無意義。那麼，先前所說的不就全都沒有意義了嗎？但是關於生命的神秘、人類的誕生，現代醫學和科學的確非常落後。也許再過幾十年，科學更爲發達，假設就能得到證明。到時即使知道假設正確也太遲了。因爲現在妳腹中的胎兒到時已成長了幾十歲。所以討論是否有出生記憶之前，以有出生記憶爲前提繼續探討下去吧！

例如，接受催眠療法等治療的患者，經常會說出出生時的記憶。距今一百年前的科學，是不認爲胎兒有意識的時代。因此當然無法了解嬰兒會記住誕生時的事情，這些無法了解的事項，卻在學會中加以報告了。

最初訂正這些想法的是佛洛伊德。佛洛伊德的理論簡單地敘述，人類的精神分爲意識與無意識二個部分，透過「記憶」與「忘卻」這兩種生理作用而使意識世界與無意識世界交流。也就是說，人類的意識水準是「忘記」過去，但事實上，無意識的世界卻記住了過去，而在這無意識程度中的「記憶」，卻使人類受到很大的影響……。

佛洛伊德認爲人類有很多恐懼感、不安感，或強迫觀念之患者的感情原型，是否來自於外傷性的生產，也就是說，在胎兒時代留下個人心理傷痕的生產經驗中，也許可以找出原因吧！不過佛洛伊德並不認爲在出生時就有精神活動存在（也就是說，胎兒具有意識），認爲患者說出出生時的記憶可能只是幻想。佛洛伊德認爲應該是以動物的程度，記憶出生時心理的外傷。

但繼佛洛伊德後，很多的研究者卻經由臨床實驗，確認出生時的記憶的確存在。而人

類心理學的許多部分，都是基於出生時所產生的心理外傷所造成的。

根據某個臨床例子，每位患者在每一星期的同一天同一時間會頭痛。調查後發現，正是這位患者出生時的星期及時間。此外，某女性患者在出生時，母親說出：

「希望是個男孩，沒想到是個女孩。」

這種失望的話卻被她記住了。記憶在無意識階段內，因爲有了這個記憶，而認爲：

「自己是不受這個社會歡迎的存在。」

而產生一種無力感，經常罹患一些婦科疾病，也有這樣的論證例出現。由這些臨床例可了解，人類出生時的確存有記憶。出生時的心理外傷對於日後各種發育會造成各種身心的失調，不過，要加以確認，必須依賴現在正在盛行研究的出生前心理學了。

■出生時的體驗是性格形成的基礎

出生前心理學，與其說重點在於「胎兒期的情形」，還不如說將重點集中在「生產時的情形」。也就是說，生產時的狀態是個人性格基礎的完成。

單純地說就是痛苦較少，或是周圍衆人期待這個人誕生時，如果是一個幸福的誕生，對這個社會就不會抱持敵意，且自己能受人接納，就能形成圓滿的性格。相反地，如果出生時承受的痛苦較大，或是出生時周圍的人表現出不歡迎的言行，就會形成一種精神外傷，對社會抱持一種錯綜複雜的情感，會有過度的暴力傾向或攻擊性，或是認爲自己是不受社會接納的存在而形成無力感，進而頻頻發生各種身心症或神經症。

我的朋友根據臨床醫師的報告，有這樣的例子出現：

有一位男性對於周圍的一切都會極度地攻擊。因此競爭心非常強，經常抱持「絕不服輸」的鬥志工作。不只是工作方面，連興趣方面或和社區的交流等，經常展現旺盛的鬥志處理事物。也就是充分運轉的人生，也許因爲這個緣故，任何事情都做得很好，非常成功，是人生的勝利者。

但是人生並不這麼單純。充分運轉的引擎會燒壞，一些小小的根本不會形成社會問題的挫折，卻成爲關鍵而使他產生嚴重的身心症。

主治醫生也不明原因。不知爲什麼以往他對社會富於攻擊性，無法掌握原因。

爲了探究原因，醫師採用催眠療法。爲患者實行催眠術，記憶不斷地回到過去。持續地從記憶裡找出攻擊原因的作業。

少年期就具有攻擊性，因此原因在此之前。幼兒期也是同樣的情形，所以原因應該在幼兒期之前。在嬰兒期攻擊性格已經萌芽了，所以原因在嬰兒期之前。不斷朝過去追溯，終於找出原因在出生期。

原因就是——

「唉，好小喔，這樣能養得大嗎？」

是這一句話，他是不足月出生的未熟兒。出生時的體重只有一千三百公克。量體重的護士因爲他很小，而說：

「唉呀……。」

不禁脫口而出地這麼說，他記住了這句話……。當然新生兒不了解話語的意義。但是語氣使他了解到自己不受歡迎，當成一種音記憶下來。這種不愉快的話語並非記憶在意識階段，而是記憶在無意識階段。但因爲這是具有衝擊性的記憶，因此不斷從無意識階段探出頭來壓迫他的心靈。爲了反彈這種壓迫而形成「不服輸的性格」，對周圍採取過度的攻擊心，而擁有強烈的競爭心……。

看這個臨床例可知，生產時的記憶，的確會成爲初次面對這個世界的紀念碑似的記憶，不論活到幾歲，都會殘留在記憶中。不僅殘留下來，對於一個人的一生也會成爲性格的基礎……。佛洛伊德將生產時的記憶稱爲「第一感情」，可能就是有這樣的事實存在。

■新生兒失去什麼？得到什麼？

從胎兒誕生爲人類時，的確會失去很多東西。失去母胎內宛如「天堂」的舒適環境。這的確是一大打擊。從舒適的環境中，不明原因地，某一天好像突然被暴漢追趕出來似地

心理測驗⑥

以下照片中，你覺得自己是第幾號？（結果見P189）

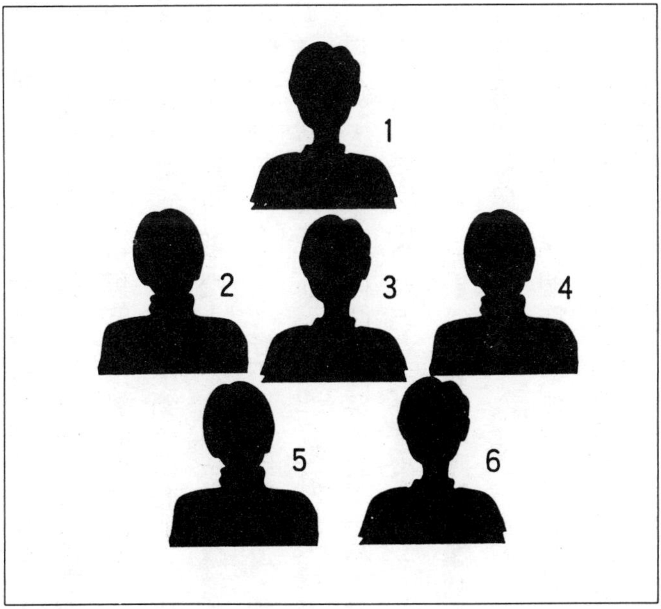

P147・心理測驗5的結果

1. 能包容一切的妳家庭圓滿。
2. 喜歡冒險的妳會向任何事物挑戰。
3. 喜歡改變的妳擁有孩子後，一定要稍微保守些。
4. 隨著嬰兒成長，自己也能成長的一型。
5. 凡事不會憂鬱地考慮，樂觀主義的妳，一定能夠完成快樂的育兒工作。

受到打擊，而離開了天堂。但是大人也許能再找到舒適的住處，可是嬰兒卻無能爲力，只能夠受周圍的人；除了接受周圍的人保護外，沒有其他的生存之道。

但是被趕出的同時，頭通過好像黑黑的隧道般的產道而不斷地往前推擠。不，應該說最初被推擠較爲適當。被推擠到一個細長而看不到出口的地方，使得恐懼感……。身爲大人的我們想起，可能也會覺得非常恐懼吧！但是在無法鑽出隧道時，用盡力氣卻無法往前進時，被鉗子或吸引器強制地拉出來……。好不容易穿過隧道，結果又被胎兒期未經歷過的輝煌燈光照亮著。這種痛苦的攻擊，使嬰兒痛苦地發出哭泣聲。這就是產聲。產聲較大、較激烈的嬰兒，周圍的人在安心的同時會微笑地說：「啊！好有元氣的嬰兒呀！」因爲這第一聲是肺呼吸的開始。哭泣聲愈大，表示很有元氣……，這是現代醫學的想法。

相反地，沒有哭泣或哭泣聲較爲微弱，則認爲肺呼吸不順利而感到擔心。可是以嬰兒的心情而言，痛苦愈大當然哭得愈大聲。

所以，也許能藉著產聲了解孩子的個性。某位產科醫師認爲的確如此。產聲的大小、哭泣的方式、時間的不同，對於孩子的性格也能預測到某種程度。後來每當幼兒健診時，發現孩子的性格的確與自己所想的完全一樣。

這個性格可能是生產時的暫時恐懼感帶來的。或是在胎兒期已有這種性格形式出現，或者是由遺傳要素造成的。我們暫且不做這方面的判斷，總之，生產對母親對孩子而言，都是一個考驗的場所。如果還沒有發達到可以接受這一切考驗的胎兒，當然會覺得像跌入地獄般，感到非常痛苦。

■出生時得到快感，決定以後的性態度

通過細長產道時，嬰兒的身體被壓迫、摩擦，在胎兒期宣告結束時，得到人類成長必須的刺激……，這是現代醫學的解釋。的確，胎兒誕生為人類的最後訓練場，就是通過細長的產道。

人類身體的神秘到處可見。

接近分娩時，子宮口會變得柔軟，做好讓胎兒的頭能夠通過的準備。尚未做好完全的準備前，一旦做出推擠胎兒臀部的陣痛或用力時，胎兒頭的一部分會阻塞在產道，而造成頭血瘤。

如果做好萬全準備再通過產道，就不會覺得痛苦，接受適當的刺激通過細長的產道……。適當刺激後的解放感伴隨著新生兒來。

這時嬰兒的產聲，是從痛苦中解放的安心感、歡喜的產生。

所以正常分娩對嬰兒而言是能夠舒適地誕生在這個世間的方法，如果能正常地出生，較容易正常地成長。

如果不是正常分娩，而是充滿危機的分娩，會對胎兒造成損傷，這是與現代醫學一致的觀點。

問題在接下來的情形。

分娩的狀況決定孩子的性格，甚至會決定性的態度與行動。痛苦較多之出生時的記憶，以男性而言，就會表現出好像卡沙諾巴或是唐璜一樣衝動的性行動。如果是女性會尋求男性的愛撫，因此會接近自由性愛的狀態。此外，出生時痛苦太少的分娩，會形成偏頗的性傾向。

這些論點是否正確，現在精神醫學無法加以證明。但是也許正是如此。所以如果談及記憶的問題，則儘可能還是以正常分娩的方式生產。

■保護胎兒出生的壓力荷爾蒙

「生產時的異常無法事先設想，因此即使注意到要正常分娩，也有一定的限度。」

也許你會這麼想。像倒產兒或狹窄骨盤等，除了這些事先能預想的困難分娩外，的確有時只有在出生時才會遇到這些情況。即使產科醫師遇到一些出乎意料的情況，也是家常便飯。他們經常說：

「只有神才知道。」

這種說法的確非常符合情況。生命的誕生原本就是神的意思，所以隱藏著許多神秘。出生對嬰兒而言的確是一種痛苦。如果無法加以處理這些痛苦，很多嬰兒可能會痛苦地死去或發瘋。但是神所創造的人類生命的神秘，卻充分運用在嬰兒的身上。

首先是緩和出生時所經歷之各種困難的荷爾蒙會分泌出來。像第四章所介紹的總稱為兒茶酚胺的荷爾蒙就是一種。而由腎上腺素及去甲腎上腺素所構成的荷爾蒙，稱為壓力荷爾蒙。當人類身體面對困難時，心跳次數會提高，血液循環會增多，這是為了創造一個可以忍受困難，克服困難的身體狀態而形成的荷爾蒙。

胎兒的頭受到壓迫，胎盤和臍帶受壓迫，或是臍帶纏住頸部，造成氧供給不足，就會分泌出這種荷爾蒙。藉著心跳次數增高，胎兒全身的細胞，尤其是腦細胞，就能得到大量的氧。因此，通常大人來自肺的氧，如果停止五分鐘的供給就會形成腦死狀態，但是胎兒如果停止五分鐘左右來自肺的氧供給，不會腦死，也不會留下後遺症。

不只在氧供給缺乏的時候。在分娩的普通狀態下，胎兒的身體也會分泌大量的壓力荷爾蒙，這個荷爾蒙量爲大人清醒時的五倍，也就是說，胎兒在分娩中所體會到的痛苦、出生後所體會到的痛苦，所造成的壓力，必須藉這些荷爾蒙來抵擋。

其證明就是壓力荷爾蒙在出生後三十分鐘達到最高量，出生後過了二小時後，恢復正常的狀態。

由於受到壓力荷爾蒙的保護，因此胎兒成爲嬰兒出生時，就能忍受各種痛苦和壓力。

壓力荷爾蒙具有促使嬰兒肺呼吸的作用。嬰兒通過產道時，因爲這個壓迫而使積留在肺中的羊水全部吐出來。離開產道後，肺裡面完全是空的，當然，透過臍帶的氧供給也停止，嬰兒必須靠自己的力量呼吸才行，因此空氣全部吸入肺中並大大地吐出，這時振動聲

心理測驗 7

以下的花中，喜歡哪一種？
（結果見 P39）

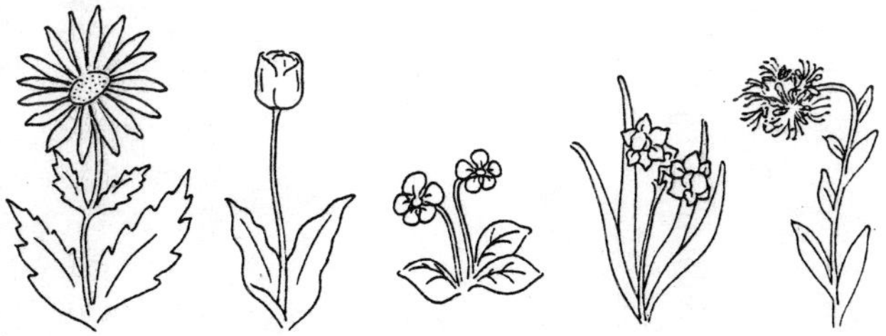

1　2　3　4　5

P184・心理測驗6的結果

1. 對將來抱持强烈的願望。注意不要遭遇挫折。
2. 自我反省的傾向極强，對於事物不要過於憂鬱思考。
3. 自我主張强烈的妳，有時退一步著想也很重要。
4. 對任何狀況都能應付的妳，雖然有點謹慎，卻是衆人喜歡的一型。
5. 太過執著的妳，請讓這種執著朝好的方向發展。
6. 注重現實的妳，要接受現在的一切，巧妙解決問題。

帶，就是所謂的產聲，而壓力荷爾蒙具有促進肺呼吸的作用。

此外，壓力荷爾蒙也具有使代謝作用，也就是促進血液中的物質燃燒，取出熱量的生理作用亢進的功能。

藉著亢進作用之賜，分娩前後胎兒、或是嬰兒即使來自母親的營養供給暫時中斷，也能自己供給熱量。

■用歡迎的話語和態度迎接嬰兒

經過幾小時的生產痛苦結束了，嬰兒誕生的瞬間，響徹耳邊的產聲……。

這種日常生活中無法體驗到的強烈安心感，相信很多母親都體會到了。

依產科醫生的不同而有不同，但剛出生還沾著血液的胎兒，有時醫生會讓母親看，或是清洗過嬰兒、穿上衣服後再讓母子見面。

這時母親想些什麼呢？會說些什麼話呢？對嬰兒而言是在這個世界上最初的考驗。

做母親的在長期戰爭結束後，原本只能在腹中感覺到自己的孩子，現在成爲「可以看見」的存在，最初擔心的且一定會考慮這些問題。
「四肢是否健全？」
「有沒有異常？」
「是很有元氣的男（女）孩喔！」
抱著嬰兒的醫護人員這麼說。
「是男（女）孩嗎？」
「看起來有點小，不要緊嗎？」
千萬不要說這些話，即使希望生男孩而生下女孩時，做母親的也不要失望。
「以爲是女（男）孩，衣服全都準備好了……。」
這又何妨呢？如果想嘗試一下，也許可以生下自己所希望性別的孩子。雖然小，只要健康不就很好嗎？如果護士說不要緊的，你一定要相信護士的話，安心地歡迎自己的嬰兒誕生。

關於剛出生的記憶，目前還沒有清楚的證明。但母親的第一句話如果是不滿或不歡迎的話語，嬰兒也能了解這一點。也許你認爲這種說法毫無意義，但是以心情而言，的確是如此。

主張出生後立刻有記憶的學者們認爲，在與這個世界最初接觸時不被接受或不受歡迎的記憶，會造成非常不好的影響。

認爲自己是不受世界接受的存在，就會產生一種欠缺意識。而這個欠缺意識會降低人類生物體活動，抹殺荷爾蒙分泌活動及免疫構造的抗體生產能力，形成一個很難阻擋壓力的體質而罹患身心症或神經症。

到底是不是眞的，目前無法證明。但是不必經由科學的證明，大家都應該了解母親的意識對孩子會造成很大的影響。

即使小，即使是未熟兒、即使有毛病，還是自己的孩子。從腹中生出後開始，已經是一個人類，和你同樣具有生命地存在。雖然什麼都不了解，也不能把他看成是笨蛋，否則會傷害即將開始的親子最初的繫絆……。

「剛看到他時覺得他眞是好可愛、好可愛喔！」

有的母親會這麼說。

「雖然很感動，但是不覺得孩子很可愛。」

有的母親會這麼說。

第一個孩子大都會有後者的情形。這是無可厚非的事情。因爲尚未體驗過嬰兒的可愛。這樣的母親到生下第二個孩子後，就能夠了解嬰兒的可愛，會無條件地疼愛嬰兒。

因此，最初覺得不可愛也沒什麼奇怪。最近的說法，認爲母親的愛並不是先天性的，是透過育兒行爲而形成的後天性母性愛。因此，對於剛出生的嬰兒不見得會產生強烈的母性愛感受。

這些母親最具特徵的言語行動是：

①和嬰兒初次見面時，不想去摸他的手。

②分娩後最初的話，是對醫生和護士感謝的話語，並不是對嬰兒所說的話。

會有這些表現出現，問題在於嬰兒對於這些表現如何接受……。

如果不幸在嬰兒出生時，你是尚未具有母性愛的母親，也請你下意識地立刻摸嬰兒的手，對他說說話吧！

■母親的情愛決定難產或安產

由此可知，母親對胎兒的情愛度、關心度，對於胎兒性格的形成會造成影響。同時也影響生產時安產或難產。母親對胎兒的情愛度、關心度愈高，就能得到安產；相反地，相反的情形則難產傾向較強。雖然理由不明，但的確有這種現象存在。

以穩定的生產生下嬰兒的母親，會立刻想摸摸嬰兒的手，或想對嬰兒說話。這些行爲能讓嬰兒安心，對於其日後的成長會造成好的影響，使智慧或情緒的發育良好，能夠健康地成長。

相反地，如果對於嬰兒的情愛度或關心度較低，或是對擁有孩子而感到不安的母親，有陣痛時間較長的傾向，容易造成難產。這個難產，對於母親和胎兒雙方都會造成不良影響，會使母子間的繫絆變得淡薄……。爲了增強母子間的繫絆，儘量給予胎兒情愛吧！

第7章

脫離母胎是育兒最初的關卡

■出生後仍然依賴母胎的嬰兒

經過二八〇天長期間的胎兒時代結束，經過幾個小時與生產作戰，嬰兒從母親腹中出來，很有元氣地發出產聲。胎盤也結束其作用排出體外，終於完成嬰兒與母親脫離的程序。

從合爲一體變成一分爲二的時代。在準備好的床上看著熟睡之嬰兒的臉。這麼小、這麼柔弱，是否能平安無事地成長呢？妳會感到很擔心。

好不容易出生的嬰兒，也許妳想喘一口氣，但是遺憾的是，嬰兒一半還在母胎內。雖然物理上已脫離胎兒期，看起來已從母胎獨立了。事實上，這只是外觀而已，他還是要依賴母親。

人類是非常脆弱的動物，必須要形成團體的社會組織才能生存。因此，嬰兒也必須要被社會接納，否則無法生存。

所以，人類已經具備了能夠迅速被社會接納的遺傳構造。

剛出生的嬰兒展露笑容。

「啊！笑了，笑了，好可愛喔！」

周圍的人會有這樣的反應，但是嬰兒並沒有笑，只是做出笑的表情。爲什麼呢？因爲笑容易得到社會的接受，也就是維持生命的遺傳情報造成的。當你讓嬰兒的小手握住你的手指時，嬰兒也會回握你。接收到這個小小的力量時，你就想保護他。這不僅是身爲母親的動作而已，任何人都會做出同樣的動作。

因爲嬰兒知道，必須藉助身爲母親的妳，以及周圍的大人們之手才能生存下去。

剛出生的嬰兒必須藉助他人的力量才能生存。即使不是母親也不要緊。如果育兒工作由父親或祖父母負責的話，只要誰能保護嬰兒，能照顧他就可以了……。

我這麼說也許母親認爲非常可笑。二八〇天來在媽媽肚子裡成長，歷經超乎想像的痛苦生下的孩子，不需要我，只要能照顧他的人就能生存，這未免太過分了吧……。

但是，卻有即使是父親，或祖父母都無法保護的外敵存在。對母親而言，這點絕對有利，也就是說，在空氣中瀰漫的細菌或病毒。在好像無菌室般的母胎內，從未體驗過雜菌，現在這些雜菌卻存在空氣中。而且嬰兒和大人一樣，會在呼吸時吸入這些雜菌，所以對嬰兒的身體會造成很大的損害。

在三個月大之前的嬰兒，幾乎不會罹患嚴重的感冒。因爲在母親肚子裡時已經得到母體的抗體。像痲疹、德國痲疹、腮腺炎等容易侵襲嬰兒的病毒，此時不會侵襲嬰兒。

嬰兒的免疫機能在出生後六個月內無法發揮機能，而引起疾病的原因病毒等抗原加以擊退製造抗體的能力，亦即，相信於體內自衛隊和警察機動隊的酵素生產能力，對新生兒而言還不夠，就是處於「非武裝」狀態。如果維持這種狀況，很容易罹患疾病，甚至可能會死亡。所以必須利用能代替自身抗體的物質防衛。因此，在出生時就已經得到來自母體的抗體。

況且，母親的母乳中也有免疫物質。

母乳是對於嬰兒的未成熟內臟完全不會造成負擔的完全營養食。且是接近百分之百可以完全利用的好食物。此外，母乳中的蛋白質是母親製造出來的，不易成爲過敏的原因，因此，用母乳餵哺的嬰兒不易罹患疾病。

更値得注意的是免疫物質的存在。母親在生產後幾天內所分泌的初乳，含有高濃度的各種免疫物質，其中含有很多免疫球蛋白A物質，覆蓋在嬰兒的腸管，就能防止引起下痢的細菌或病毒的增殖及侵入血液中。

因此，每天照顧嬰兒的工作可以委任他人進行，但是藉著母乳保護嬰兒的只有母親而已。在母胎內依賴母親的嬰兒就算已進入人類的階段，也必須要暫時依賴母乳。

■由白色血液母乳中得到的東西

母乳的第一優點爲人類製造的蛋白質。牛乳是牛製造的蛋白質，是爲了養育小牛而準備的。調乳是以牛乳爲基礎，盡可能處理成接近母乳的型態，當然比牛乳較爲適合人類的嬰兒。

第二個優點是酵素。母乳中含有各種酵素，例如，脂肪分解酵素、脂肪酶，是出生後不到一年的嬰兒無法充分分泌的消化酵素。但是母乳和牛乳中含大量的脂肪，如果沒有這些分解脂肪的酵素就會引起消化不良。母乳中由於含有許多脂肪酶，因此嬰兒引起下痢的機率非常小。

第三個優點是維他命。母乳中含有許多維他命類，因此用母乳餵哺時，不需要再補充其他的維他命。只有維他命K是母乳中沒有的，因此，最近在住院中投與維他命K的例子增多了。

此外，母乳的好處是配合嬰兒的成長，其質會產生變化，剛出生時的初乳在第一週時會形成母乳，一個月時所分泌的母乳會含有當時所需要的營養。此外，一次的母乳在開始吃和結束時質也會產生變化。最初是像水般地稀薄，漸漸地脂肪成分增加，就好像先喝湯，然後再吃主菜似地。

就免疫的觀點來看，初乳中含量最多，然後逐漸減少，但出生後一個月時卻含有很多免疫物質，這是爲了保護嬰兒免於疾病的侵襲。

初乳是黃色的母乳，約持續一週左右，因此即使未分泌母乳的人，也要讓嬰兒吃初乳。如果母乳好像噴水似地分泌很多時，讓孩子吃奶前可能初乳會溢出；不容易分泌母乳的人，則應儘量讓嬰兒吃初乳。

即使無法分泌母乳或因某些情況無法利用母乳餵哺嬰兒時，也要讓孩子吃初乳，這個時期的嬰兒還依賴母胎，即使沒有血液的相連，也要依賴母乳這種白色血液。

■成為假想母胎的授乳時間

母子間的繫絆，不只嬰兒需要，是相互的、同體的。嬰兒依賴母親，而母親也會依賴嬰兒。

這個部分就是母乳。當嬰兒吸吮母乳時，能促進子宮收縮的荷爾蒙和後葉催產素分泌。因此，有助於產後恢復順利進行。

藉著授乳分泌的荷爾蒙中的催乳激素荷爾蒙，因爲嬰兒吸吮母乳而分泌。這類荷爾蒙分泌愈多，有助於女性化，是一種神奇的荷爾蒙，別名爲「母性愛荷爾蒙」。

生下一個孩子時，據說是女性最漂亮的時候，其秘密也許就在這個荷爾蒙吧！

這只是這一類荷爾蒙或免疫等的肉體作用而已。

吸吮母乳的嬰兒被母親緊緊抱在懷中。如果抱得太緊嬰兒就無法吃奶，因此要以適當的柔軟度和大小來抱。

授乳的型態與嬰兒待在母胎內的情況非常類似，會讓嬰兒產生一種好像回到母胎內的滿足感。母親肌膚的溫暖也能傳達給胎兒，聽到懷念的心臟跳動聲，嬰兒就能安心。

這時母親可和孩子說話，嬰兒一定會產生反應，因爲那是長時間在胎內聽慣的懷念聲音……。

在歷經痛苦的生產經驗後，這一切都能讓嬰兒感到安心。看到嬰兒這種表現，母親也許就會覺得生下孩子眞是太棒了。

這種幸福的時間一天可擁有將近十次。

對母親和嬰兒而言，授乳時間就是回歸母胎的時間。

無法用母乳餵哺嬰兒的母親，在授乳時間也要好像用母乳餵哺似地抱著嬰兒，從外側利用假想母胎包住嬰兒。母親溫柔的心音包住嬰兒，加深母子間的繫絆，就能培養很大的人類愛，孕育出健全的孩子。

■預防接種是脫離母胎的準備

當來自母體的免疫逐漸減弱時，嬰兒本身的免疫機能開始發揮作用，自己可預防疾病到某種程度。免疫機能發揮作用大約是在嬰兒出生六個月左右。這段期間必須靠由母體得到的免疫而生存。

但是空氣中還是有很多強敵。如果不能儘早自己保護身體，避免外敵的侵入，什麼時候會遇到什麼樣的強敵都不得而知。當遇到強力的病毒或細菌時，沒有抵抗力的嬰兒可能要過好幾天痛苦的時光，因爲沒有抵抗力，所以容易引起合併症和後遺症。

最初攻擊嬰兒的是突發性發疹。因爲原因不明的複數病毒感染而造成的。持續三天高燒後，全身出現紅色的發疹，是一種感染症。沒有後遺症，也不具有傳染性。但剛出生時最初的高燒，會令母親感到驚訝！

此外，嬰兒抵抗力較弱，容易罹患許多疾病。像百日咳、破傷風、白喉、痲疹、腮腺炎、結核、小兒痲痺、水痘等。這些全都是能接受預防接種的疾病。其中有一些各位不知道病名的疾病。因爲藉著預防接種，這些疾病在你還不知道它的名稱之前就能預防了。但並不是說不要接受預防接種，否則到了某種疾病蔓延時，嬰兒可能會死亡。

預防接種不僅能保護嬰兒，同時也能防止因流行而傳染給其他的嬰兒。

因此，嬰兒出生過了三個月後，開始進行對於某些疾病製造免疫抗體的作業，這就是預防接種。預防接種中有些是必須接種的，有些可隨自己的意願，隨自己意願的接種由母親判斷是否接受。在能夠接受預防接種的健康狀態下，應儘可能讓嬰兒接受預防接種。

畢竟，嬰兒不可能一直在母胎的陪伴下生存。

斷奶也同樣的，是嬰兒脫離母胎的時期。既然斷奶後要脫離母胎，因此，預防接種也是脫離母胎的一種方法。

剛開始必須花極長時間和勞力做育兒工作。你會體驗好幾次「脫離」狀態。「脫離」舒適的環境對母親、嬰兒而言，當然很痛苦。

雖然痛苦，一定要勇敢面對這一切。否則無法讓孩子成爲眞正的個人，妳不可能一直在他身旁保護著他，必須靠嬰兒努力，做母親者也必須要努力。「脫離」，換言之就是「別離」，是由一個時期轉入下一個時期的關卡。

育兒最初的關卡就是脫離母胎。如果能讓嬰兒巧妙地脫離母胎，就在旁守護著他成爲眞正的成人吧！

作者略歷：鈴木丈織

醫學博士、心理學博士

西元1951年出生。東京大學法學部畢，前往美國。在 UC 州立大學（心理學）及聖・湯瑪斯研究院（身體精神醫學）兩校取得博士學位。跟隨彼克特・法蘭克博士學習預防醫學，並跟隨坎尼斯・古柏博士學習健康醫學。喜歡中國醫學，跟隨中醫學博士渡邊幸雄先生學習。在廣州中醫學院、香港中醫學院研修。由香港遠東中醫藥學促進會頒授中醫學博士學位。應用精神分析、血漿醫學、中國醫學，進行兒童身心症的指導。

擔任 USA 坎斯通大學助教、科羅拉多州皮藍哥市名譽市民、（社）經濟懇話會五大塾主幹、（社）國際學術中心主任研究員、愛媛女子大學客座教授。著書包括『從名作童話學習的管理學入門』、『自律訓練法入門』、『運用女性優點的職業場所學』、系列醫學『氣功健康法入門』等多數。

大展出版社有限公司	圖書目錄
地址：台北市北投區11204 致遠一路二段12巷1號 郵撥： 0166955～1	電話：(02) 8236031 8236033 傳眞：(02) 8272069

・法律專欄連載・電腦編號58

台大法學院 法律學系／策劃
法律服務社／編著

①別讓您的權利睡著了[1]	200元
②別讓您的權利睡著了[2]	200元

・秘傳占卜系列・電腦編號14

①手相術	淺野八郎著	150元
②人相術	淺野八郎著	150元
③西洋占星術	淺野八郎著	150元
④中國神奇占卜	淺野八郎著	150元
⑤夢判斷	淺野八郎著	150元
⑥前世、來世占卜	淺野八郎著	150元
⑦法國式血型學	淺野八郎著	150元
⑧靈感、符咒學	淺野八郎著	150元
⑨紙牌占卜學	淺野八郎著	150元
⑩ＥＳＰ超能力占卜	淺野八郎著	150元
⑪猶太數的秘術	淺野八郎著	150元
⑫新心理測驗	淺野八郎著	160元
⑬塔羅牌預言秘法	淺野八郎著	元

・趣味心理講座・電腦編號15

①性格測驗１	探索男與女	淺野八郎著	140元
②性格測驗２	透視人心奧秘	淺野八郎著	140元
③性格測驗３	發現陌生的自己	淺野八郎著	140元
④性格測驗４	發現你的真面目	淺野八郎著	140元
⑤性格測驗５	讓你們吃驚	淺野八郎著	140元
⑥性格測驗６	洞穿心理盲點	淺野八郎著	140元
⑦性格測驗７	探索對方心理	淺野八郎著	140元
⑧性格測驗８	由吃認識自己	淺野八郎著	140元

⑨性格測驗9	戀愛知多少	淺野八郎著	160元
⑩性格測驗10	由裝扮瞭解人心	淺野八郎著	140元
⑪性格測驗11	敲開內心玄機	淺野八郎著	140元
⑫性格測驗12	透視你的未來	淺野八郎著	140元
⑬血型與你的一生		淺野八郎著	160元
⑭趣味推理遊戲		淺野八郎著	160元
⑮行爲語言解析		淺野八郎著	160元

・婦 幼 天 地・電腦編號 16

①八萬人減肥成果	黃靜香譯	180元
②三分鐘減肥體操	楊鴻儒譯	150元
③窈窕淑女美髮秘訣	柯素娥譯	130元
④使妳更迷人	成　玉譯	130元
⑤女性的更年期	官舒妍編譯	160元
⑥胎內育兒法	李玉瓊編譯	150元
⑦早產兒袋鼠式護理	唐岱蘭譯	200元
⑧初次懷孕與生產	婦幼天地編譯組	180元
⑨初次育兒12個月	婦幼天地編譯組	180元
⑩斷乳食與幼兒食	婦幼天地編譯組	180元
⑪培養幼兒能力與性向	婦幼天地編譯組	180元
⑫培養幼兒創造力的玩具與遊戲	婦幼天地編譯組	180元
⑬幼兒的症狀與疾病	婦幼天地編譯組	180元
⑭腿部苗條健美法	婦幼天地編譯組	180元
⑮女性腰痛別忽視	婦幼天地編譯組	150元
⑯舒展身心體操術	李玉瓊編譯	130元
⑰三分鐘臉部體操	趙薇妮著	160元
⑱生動的笑容表情術	趙薇妮著	160元
⑲心曠神怡減肥法	川津祐介著	130元
⑳內衣使妳更美麗	陳玄茹譯	130元
㉑瑜伽美姿美容	黃靜香編著	150元
㉒高雅女性裝扮學	陳珮玲譯	180元
㉓蠶糞肌膚美顏法	坂梨秀子著	160元
㉔認識妳的身體	李玉瓊譯	160元
㉕產後恢復苗條體態	居理安・芙萊喬著	200元
㉖正確護髮美容法	山崎伊久江著	180元
㉗安琪拉美姿養生學	安琪拉蘭斯博瑞著	180元
㉘女體性醫學剖析	增田豐著	220元
㉙懷孕與生產剖析	岡部綾子著	180元
㉚斷奶後的健康育兒	東城百合子著	220元
㉛引出孩子幹勁的責罵藝術	多湖輝著	170元

㉜培養孩子獨立的藝術	多湖輝著	170元
㉝子宮肌瘤與卵巢囊腫	陳秀琳編著	180元
㉞下半身減肥法	納他夏・史達賓著	180元
㉟女性自然美容法	吳雅菁編著	180元
㊱再也不發胖	池園悅太郎著	170元
㊲生男生女控制術	中垣勝裕著	220元
㊳使妳的肌膚更亮麗	楊　皓編著	170元
㊴臉部輪廓變美	芝崎義夫著	180元
㊵斑點、皺紋自己治療	高須克彌著	180元
㊶面皰自己治療	伊藤雄康著	180元
㊷隨心所欲瘦身冥想法	原久子著	180元
㊸胎兒革命	鈴木丈織著	元

・青 春 天 地・電腦編號 17

①A血型與星座	柯素娥編譯	120元
②B血型與星座	柯素娥編譯	120元
③O血型與星座	柯素娥編譯	120元
④AB血型與星座	柯素娥編譯	120元
⑤青春期性教室	呂貴嵐編譯	130元
⑥事半功倍讀書法	王毅希編譯	150元
⑦難解數學破題	宋釗宜編譯	130元
⑧速算解題技巧	宋釗宜編譯	130元
⑨小論文寫作秘訣	林顯茂編譯	120元
⑪中學生野外遊戲	熊谷康編著	120元
⑫恐怖極短篇	柯素娥編譯	130元
⑬恐怖夜話	小毛驢編譯	130元
⑭恐怖幽默短篇	小毛驢編譯	120元
⑮黑色幽默短篇	小毛驢編譯	120元
⑯靈異怪談	小毛驢編譯	130元
⑰錯覺遊戲	小毛驢編譯	130元
⑱整人遊戲	小毛驢編著	150元
⑲有趣的超常識	柯素娥編譯	130元
⑳哦！原來如此	林慶旺編譯	130元
㉑趣味競賽100種	劉名揚編譯	120元
㉒數學謎題入門	宋釗宜編譯	150元
㉓數學謎題解析	宋釗宜編譯	150元
㉔透視男女心理	林慶旺編譯	120元
㉕少女情懷的自白	李桂蘭編譯	120元
㉖由兄弟姊妹看命運	李玉瓊編譯	130元
㉗趣味的科學魔術	林慶旺編譯	150元

㉘趣味的心理實驗室	李燕玲編譯	150元
㉙愛與性心理測驗	小毛驢編譯	130元
㉚刑案推理解謎	小毛驢編譯	130元
㉛偵探常識推理	小毛驢編譯	130元
㉜偵探常識解謎	小毛驢編譯	130元
㉝偵探推理遊戲	小毛驢編譯	130元
㉞趣味的超魔術	廖玉山編著	150元
㉟趣味的珍奇發明	柯素娥編著	150元
㊱登山用具與技巧	陳瑞菊編著	150元

・健康天地・電腦編號18

①壓力的預防與治療	柯素娥編譯	130元
②超科學氣的魔力	柯素娥編譯	130元
③尿療法治病的神奇	中尾良一著	130元
④鐵證如山的尿療法奇蹟	廖玉山譯	120元
⑤一日斷食健康法	葉慈容編譯	150元
⑥胃部強健法	陳炳崑譯	120元
⑦癌症早期檢查法	廖松濤譯	160元
⑧老人痴呆症防止法	柯素娥編譯	130元
⑨松葉汁健康飲料	陳麗芬編譯	130元
⑩揉肚臍健康法	永井秋夫著	150元
⑪過勞死、猝死的預防	卓秀貞編譯	130元
⑫高血壓治療與飲食	藤山順豐著	150元
⑬老人看護指南	柯素娥編譯	150元
⑭美容外科淺談	楊啟宏著	150元
⑮美容外科新境界	楊啟宏著	150元
⑯鹽是天然的醫生	西英司郎著	140元
⑰年輕十歲不是夢	梁瑞麟譯	200元
⑱茶料理治百病	桑野和民著	180元
⑲綠茶治病寶典	桑野和民著	150元
⑳杜仲茶養顏減肥法	西田博著	150元
㉑蜂膠驚人療效	瀨長良三郎著	150元
㉒蜂膠治百病	瀨長良三郎著	180元
㉓醫藥與生活	鄭炳全著	180元
㉔鈣長生寶典	落合敏著	180元
㉕大蒜長生寶典	木下繁太郎著	160元
㉖居家自我健康檢查	石川恭三著	160元
㉗永恒的健康人生	李秀鈴譯	200元
㉘大豆卵磷脂長生寶典	劉雪卿譯	150元
㉙芳香療法	梁艾琳譯	160元

㉚醋長生寶典	柯素娥譯	180元
㉛從星座透視健康	席拉・吉蒂斯著	180元
㉜愉悅自在保健學	野本二士夫著	160元
㉝裸睡健康法	丸山淳士等著	160元
㉞糖尿病預防與治療	藤田順豐著	180元
㉟維他命長生寶典	菅原明子著	180元
㊱維他命C新效果	鐘文訓編	150元
㊲手、腳病理按摩	堤芳朗著	160元
㊳AIDS瞭解與預防	彼得塔歇爾著	180元
㊴甲殼質殼聚糖健康法	沈永嘉譯	160元
㊵神經痛預防與治療	木下眞男著	160元
㊶室內身體鍛鍊法	陳炳崑編著	160元
㊷吃出健康藥膳	劉大器編著	180元
㊸自我指壓術	蘇燕謀編著	160元
㊹紅蘿蔔汁斷食療法	李玉瓊編著	150元
㊺洗心術健康秘法	竺翠萍編譯	170元
㊻枇杷葉健康療法	柯素娥編譯	180元
㊼抗衰血癒	楊啟宏著	180元
㊽與癌搏鬥記	逸見政孝著	180元
㊾冬蟲夏草長生寶典	高橋義博著	170元
㊿痔瘡・大腸疾病先端療法	宮島伸宜著	180元
51膠布治癒頑固慢性病	加瀨建造著	180元
52芝麻神奇健康法	小林貞作著	170元
53香煙能防止癡呆？	高田明和著	180元
54穀菜食治癌療法	佐藤成志著	180元
55貼藥健康法	松原英多著	180元
56克服癌症調和道呼吸法	帶津良一著	180元
57Ｂ型肝炎預防與治療	野村喜重郎著	180元
58青春永駐養生導引術	早島正雄著	180元
59改變呼吸法創造健康	原久子著	180元
60荷爾蒙平衡養生秘訣	出村博著	180元
61水美肌健康法	井戶勝富著	170元
62認識食物掌握健康	廖梅珠編著	170元
63痛風劇痛消除法	鈴木吉彥著	180元
64酸莖菌驚人療效	上田明彥著	180元
65大豆卵磷脂治現代病	神津健一著	200元
66時辰療法——危險時刻凌晨４時	呂建強等著	180元
67自然治癒力提升法	帶津良一著	180元
68巧妙的氣保健法	藤平墨子著	180元
69治癒Ｃ型肝炎	熊田博光著	180元
70肝臟病預防與治療	劉名揚編著	180元

⑪腰痛平衡療法	荒井政信著	180元
⑫根治多汗症、狐臭	稻葉益巳著	220元
⑬40歲以後的骨質疏鬆症	沈永嘉譯	180元
⑭認識中藥	松下一成著	180元
⑮氣的科學	佐佐木茂美著	180元

・實用女性學講座・電腦編號 19

①解讀女性內心世界	島田一男著	150元
②塑造成熟的女性	島田一男著	150元
③女性整體裝扮學	黃靜香編著	180元
④女性應對禮儀	黃靜香編著	180元
⑤女性婚前必修	小野十傳著	200元
⑥徹底瞭解女人	田口二州著	180元
⑦拆穿女性謊言88招	島田一男著	200元

・校 園 系 列・電腦編號 20

①讀書集中術	多湖輝著	150元
②應考的訣竅	多湖輝著	150元
③輕鬆讀書贏得聯考	多湖輝著	150元
④讀書記憶秘訣	多湖輝著	150元
⑤視力恢復！超速讀術	江錦雲譯	180元
⑥讀書36計	黃柏松編著	180元
⑦驚人的速讀術	鐘文訓編著	170元
⑧學生課業輔導良方	多湖輝著	180元
⑨超速讀超記憶法	廖松濤編著	180元
⑩速算解題技巧	宋釗宜編著	200元

・實用心理學講座・電腦編號 21

①拆穿欺騙伎倆	多湖輝著	140元
②創造好構想	多湖輝著	140元
③面對面心理術	多湖輝著	160元
④偽裝心理術	多湖輝著	140元
⑤透視人性弱點	多湖輝著	140元
⑥自我表現術	多湖輝著	180元
⑦不可思議的人性心理	多湖輝著	150元
⑧催眠術入門	多湖輝著	150元
⑨責罵部屬的藝術	多湖輝著	150元
⑩精神力	多湖輝著	150元

⑪厚黑說服術	多湖輝著	150元
⑫集中力	多湖輝著	150元
⑬構想力	多湖輝著	150元
⑭深層心理術	多湖輝著	160元
⑮深層語言術	多湖輝著	160元
⑯深層說服術	多湖輝著	180元
⑰掌握潛在心理	多湖輝著	160元
⑱洞悉心理陷阱	多湖輝著	180元
⑲解讀金錢心理	多湖輝著	180元
⑳拆穿語言圈套	多湖輝著	180元
㉑語言的內心玄機	多湖輝著	180元

•超現實心理講座•電腦編號 22

①超意識覺醒法	詹蔚芬編譯	130元
②護摩秘法與人生	劉名揚編譯	130元
③秘法！超級仙術入門	陸　明譯	150元
④給地球人的訊息	柯素娥編著	150元
⑤密教的神通力	劉名揚編著	130元
⑥神秘奇妙的世界	平川陽一著	180元
⑦地球文明的超革命	吳秋嬌譯	200元
⑧力量石的秘密	吳秋嬌譯	180元
⑨超能力的靈異世界	馬小莉譯	200元
⑩逃離地球毀滅的命運	吳秋嬌譯	200元
⑪宇宙與地球終結之謎	南山宏著	200元
⑫驚世奇功揭秘	傅起鳳著	200元
⑬啟發身心潛力心象訓練法	栗田昌裕著	180元
⑭仙道術遁甲法	高藤聰一郎著	220元
⑮神通力的秘密	中岡俊哉著	180元
⑯仙人成仙術	高藤聰一郎著	200元
⑰仙道符咒氣功法	高藤聰一郎著	220元
⑱仙道風水術尋龍法	高藤聰一郎著	200元
⑲仙道奇蹟超幻像	高藤聰一郎著	200元
⑳仙道鍊金術房中法	高藤聰一郎著	200元
㉑奇蹟超醫療治癒難病	深野一幸著	220元
㉒揭開月球的神秘力量	超科學研究會	180元
㉓西藏密教奧義	高藤聰一郎著	250元

•養 生 保 健•電腦編號 23

①醫療養生氣功	黃孝寬著	250元

②中國氣功圖譜	余功保著	230元
③少林醫療氣功精粹	井玉蘭著	250元
④龍形實用氣功	吳大才等著	220元
⑤魚戲增視強身氣功	宮　嬰著	220元
⑥嚴新氣功	前新培金著	250元
⑦道家玄牝氣功	張　章著	200元
⑧仙家秘傳袪病功	李遠國著	160元
⑨少林十大健身功	秦慶豐著	180元
⑩中國自控氣功	張明武著	250元
⑪醫療防癌氣功	黃孝寬著	250元
⑫醫療強身氣功	黃孝寬著	250元
⑬醫療點穴氣功	黃孝寬著	250元
⑭中國八卦如意功	趙維漢著	180元
⑮正宗馬禮堂養氣功	馬禮堂著	420元
⑯秘傳道家筋經內丹功	王慶餘著	280元
⑰三元開慧功	辛桂林著	250元
⑱防癌治癌新氣功	郭　林著	180元
⑲禪定與佛家氣功修煉	劉天君著	200元
⑳顛倒之術	梅自強著	360元
㉑簡明氣功辭典	吳家駿編	360元
㉒八卦三合功	張全亮著	230元

•社會人智囊•電腦編號 24

①糾紛談判術	清水增三著	160元
②創造關鍵術	淺野八郎著	150元
③觀人術	淺野八郎著	180元
④應急詭辯術	廖英迪編著	160元
⑤天才家學習術	木原武一著	160元
⑥猫型狗式鑑人術	淺野八郎著	180元
⑦逆轉運掌握術	淺野八郎著	180元
⑧人際圓融術	澀谷昌三著	160元
⑨解讀人心術	淺野八郎著	180元
⑩與上司水乳交融術	秋元隆司著	180元
⑪男女心態定律	小田晉著	180元
⑫幽默說話術	林振輝編著	200元
⑬人能信賴幾分	淺野八郎著	180元
⑭我一定能成功	李玉瓊譯	180元
⑮獻給青年的嘉言	陳蒼杰譯	180元
⑯知人、知面、知其心	林振輝編著	180元
⑰塑造堅強的個性	坂上肇著	180元

⑱爲自己而活	佐藤綾子著	180元
⑲未來十年與愉快生活有約	船井幸雄著	180元
⑳超級銷售話術	杜秀卿譯	180元
㉑感性培育術	黃靜香編著	180元
㉒公司新鮮人的禮儀規範	蔡媛惠譯	180元
㉓傑出職員鍛鍊術	佐佐木正著	180元
㉔面談獲勝戰略	李芳黛譯	180元
㉕金玉良言撼人心	森純大著	180元
㉖男女幽默趣典	劉華亭編著	180元
㉗機智說話術	劉華亭編著	180元
㉘心理諮商室	柯素娥譯	180元
㉙如何在公司頭角崢嶸	佐佐木正著	180元
㉚機智應對術	李玉瓊編著	200元

• 精 選 系 列 • 電腦編號 25

①毛澤東與鄧小平	渡邊利夫等著	280元
②中國大崩裂	江戶介雄著	180元
③台灣・亞洲奇蹟	上村幸治著	220元
④7-ELEVEN高盈收策略	國友隆一著	180元
⑤台灣獨立	森　詠著	200元
⑥迷失中國的末路	江戶雄介著	220元
⑦2000年5月全世界毀滅	紫藤甲子男著	180元
⑧失去鄧小平的中國	小島朋之著	220元

• 運 動 遊 戲 • 電腦編號 26

①雙人運動	李玉瓊譯	160元
②愉快的跳繩運動	廖玉山譯	180元
③運動會項目精選	王佑京譯	150元
④肋木運動	廖玉山譯	150元
⑤測力運動	王佑宗譯	150元

• 休 閒 娛 樂 • 電腦編號 27

①海水魚飼養法	田中智浩著	300元
②金魚飼養法	曾雪玫譯	250元
③熱門海水魚	毛利匡明著	元
④愛犬的教養與訓練	池田好雄著	250元

・銀髮族智慧學・電腦編號 28

①銀髮六十樂逍遙	多湖輝著	170元
②人生六十反年輕	多湖輝著	170元
③六十歲的決斷	多湖輝著	170元

・飲 食 保 健・電腦編號 29

①自己製作健康茶	大海淳著	220元
②好吃、具藥效茶料理	德永睦子著	220元
③改善慢性病健康藥草茶	吳秋嬌譯	200元
④藥酒與健康果菜汁	成玉編著	250元

・家庭醫學保健・電腦編號 30

①女性醫學大全	雨森良彥著	380元
②初爲人父育兒寶典	小瀧周曹著	220元
③性活力強健法	相建華著	200元
④30歲以上的懷孕與生產	李芳黛編著	220元
⑤舒適的女性更年期	野末悅子著	200元
⑥夫妻前戲的技巧	笠井寬司著	200元
⑦病理足穴按摩	金慧明著	220元
⑧爸爸的更年期	河野孝旺著	200元
⑨橡皮帶健康法	山田晶著	200元
⑩33天健美減肥	相建華等著	180元
⑪男性健美入門	孫玉祿編著	180元

・心 靈 雅 集・電腦編號 00

①禪言佛語看人生	松濤弘道著	180元
②禪密教的奧秘	葉逯謙譯	120元
③觀音大法力	田口日勝著	120元
④觀音法力的大功德	田口日勝著	120元
⑤達摩禪106智慧	劉華亭編譯	220元
⑥有趣的佛教研究	葉逯謙編譯	170元
⑦夢的開運法	蕭京凌譯	130元
⑧禪學智慧	柯素娥編譯	130元
⑨女性佛教入門	許俐萍譯	110元
⑩佛像小百科	心靈雅集編譯組	130元
⑪佛教小百科趣談	心靈雅集編譯組	120元

⑫佛教小百科漫談	心靈雅集編譯組	150元
⑬佛教知識小百科	心靈雅集編譯組	150元
⑭佛學名言智慧	松濤弘道著	220元
⑮釋迦名言智慧	松濤弘道著	220元
⑯活人禪	平田精耕著	120元
⑰坐禪入門	柯素娥編譯	150元
⑱現代禪悟	柯素娥編譯	130元
⑲道元禪師語錄	心靈雅集編譯組	130元
⑳佛學經典指南	心靈雅集編譯組	130元
㉑何謂「生」　阿含經	心靈雅集編譯組	150元
㉒一切皆空　般若心經	心靈雅集編譯組	150元
㉓超越迷惘　法句經	心靈雅集編譯組	130元
㉔開拓宇宙觀　華嚴經	心靈雅集編譯組	130元
㉕真實之道　法華經	心靈雅集編譯組	130元
㉖自由自在　涅槃經	心靈雅集編譯組	130元
㉗沈默的教示　維摩經	心靈雅集編譯組	150元
㉘開通心眼　佛語佛戒	心靈雅集編譯組	130元
㉙揭秘寶庫　密教經典	心靈雅集編譯組	180元
㉚坐禪與養生	廖松濤譯	110元
㉛釋尊十戒	柯素娥編譯	120元
㉜佛法與神通	劉欣如編著	120元
㉝悟（正法眼藏的世界）	柯素娥編譯	120元
㉞只管打坐	劉欣如編著	120元
㉟喬答摩・佛陀傳	劉欣如編著	120元
㊱唐玄奘留學記	劉欣如編著	120元
㊲佛教的人生觀	劉欣如編譯	110元
㊳無門關（上卷）	心靈雅集編譯組	150元
㊴無門關（下卷）	心靈雅集編譯組	150元
㊵業的思想	劉欣如編著	130元
㊶佛法難學嗎	劉欣如著	140元
㊷佛法實用嗎	劉欣如著	140元
㊸佛法殊勝嗎	劉欣如著	140元
㊹因果報應法則	李常傳編	140元
㊺佛教醫學的奧秘	劉欣如編著	150元
㊻紅塵絕唱	海　若著	130元
㊼佛教生活風情	洪丕謨、姜玉珍著	220元
㊽行住坐臥有佛法	劉欣如著	160元
㊾起心動念是佛法	劉欣如著	160元
㊿四字禪語	曹洞宗青年會	200元
51妙法蓮華經	劉欣如編著	160元
52根本佛教與大乘佛教	葉作森編	180元

㊼大乘佛經	定方晟著	180元
㊽須彌山與極樂世界	定方晟著	180元
㊾阿闍世的悟道	定方晟著	180元
㊿金剛經的生活智慧	劉欣如著	180元

・經 營 管 理・電腦編號01

◎創新經營管理六十六大計（精）	蔡弘文編	780元
①如何獲取生意情報	蘇燕謀譯	110元
②經濟常識問答	蘇燕謀譯	130元
④台灣商戰風雲錄	陳中雄著	120元
⑤推銷大王秘錄	原一平著	180元
⑥新創意・賺大錢	王家成譯	90元
⑦工廠管理新手法	琪　輝著	120元
⑨經營參謀	柯順隆譯	120元
⑩美國實業24小時	柯順隆譯	80元
⑪撼動人心的推銷法	原一平著	150元
⑫高竿經營法	蔡弘文編	120元
⑬如何掌握顧客	柯順隆譯	150元
⑭一等一賺錢策略	蔡弘文編	120元
⑯成功經營妙方	鐘文訓著	120元
⑰一流的管理	蔡弘文編	150元
⑱外國人看中韓經濟	劉華亭譯	150元
⑳突破商場人際學	林振輝編著	90元
㉑無中生有術	琪輝編著	140元
㉒如何使女人打開錢包	林振輝編著	100元
㉓操縱上司術	邑井操著	90元
㉔小公司經營策略	王嘉誠著	160元
㉕成功的會議技巧	鐘文訓編譯	100元
㉖新時代老闆學	黃柏松編著	100元
㉗如何創造商場智囊團	林振輝編譯	150元
㉘十分鐘推銷術	林振輝編譯	180元
㉙五分鐘育才	黃柏松編譯	100元
㉚成功商場戰術	陸明編譯	100元
㉛商場談話技巧	劉華亭編譯	120元
㉜企業帝王學	鐘文訓譯	90元
㉝自我經濟學	廖松濤編譯	100元
㉞一流的經營	陶田生編著	120元
㉟女性職員管理術	王昭國編譯	120元
㊱ＩＢＭ的人事管理	鐘文訓編譯	150元
㊲現代電腦常識	王昭國編譯	150元

㊳電腦管理的危機	鐘文訓編譯	120元
㊴如何發揮廣告效果	王昭國編譯	150元
㊵最新管理技巧	王昭國編譯	150元
㊶一流推銷術	廖松濤編譯	150元
㊷包裝與促銷技巧	王昭國編譯	130元
㊸企業王國指揮塔	松下幸之助著	120元
㊹企業精銳兵團	松下幸之助著	120元
㊺企業人事管理	松下幸之助著	100元
㊻華僑經商致富術	廖松濤編譯	130元
㊼豐田式銷售技巧	廖松濤編譯	180元
㊽如何掌握銷售技巧	王昭國編著	130元
㊿洞燭機先的經營	鐘文訓編譯	150元
52新世紀的服務業	鐘文訓編譯	100元
53成功的領導者	廖松濤編譯	120元
54女推銷員成功術	李玉瓊編譯	130元
55ＩＢＭ人才培育術	鐘文訓編譯	100元
56企業人自我突破法	黃琪輝編著	150元
58財富開發術	蔡弘文編著	130元
59成功的店舖設計	鐘文訓編著	150元
61企管回春法	蔡弘文編著	130元
62小企業經營指南	鐘文訓編譯	100元
63商場致勝名言	鐘文訓編譯	150元
64迎接商業新時代	廖松濤編譯	100元
66新手股票投資入門	何朝乾　編	200元
67上揚股與下跌股	何朝乾編譯	180元
68股票速成學	何朝乾編譯	200元
69理財與股票投資策略	黃俊豪編著	180元
70黃金投資策略	黃俊豪編著	180元
71厚黑管理學	廖松濤編譯	180元
72股市致勝格言	呂梅莎編譯	180元
73透視西武集團	林谷燁編譯	150元
76巡迴行銷術	陳蒼杰譯	150元
77推銷的魔術	王嘉誠譯	120元
7860秒指導部屬	周蓮芬編譯	150元
79精銳女推銷員特訓	李玉瓊編譯	130元
80企劃、提案、報告圖表的技巧	鄭　汶　譯	180元
81海外不動產投資	許達守編譯	150元
82八百伴的世界策略	李玉瓊譯	150元
83服務業品質管理	吳宜芬譯	180元
84零庫存銷售	黃東謙編譯	150元
85三分鐘推銷管理	劉名揚編譯	150元

㊱推銷大王奮鬥史	原一平著	150元
㊲豐田汽車的生產管理	林谷燁編譯	150元

・成 功 寶 庫・電腦編號 02

①上班族交際術	江森滋著	100元
②拍馬屁訣竅	廖玉山編譯	110元
④聽話的藝術	歐陽輝編譯	110元
⑨求職轉業成功術	陳 義編著	110元
⑩上班族禮儀	廖玉山編著	120元
⑪接近心理學	李玉瓊編著	100元
⑫創造自信的新人生	廖松濤編著	120元
⑭上班族如何出人頭地	廖松濤編著	100元
⑮神奇瞬間瞑想法	廖松濤編譯	100元
⑯人生成功之鑰	楊意苓編著	150元
⑲給企業人的諍言	鐘文訓編著	120元
⑳企業家自律訓練法	陳 義編譯	100元
㉑上班族妖怪學	廖松濤編著	100元
㉒猶太人縱橫世界的奇蹟	孟佑政編著	110元
㉓訪問推銷術	黃靜香編著	130元
㉕你是上班族中強者	嚴思圖編著	100元
㉖向失敗挑戰	黃靜香編著	100元
㉚成功頓悟100則	蕭京凌編譯	130元
㉛掌握好運100則	蕭京凌編譯	110元
㉜知性幽默	李玉瓊編譯	130元
㉝熟記對方絕招	黃靜香編譯	100元
㉞男性成功秘訣	陳蒼杰編譯	130元
㊱業務員成功秘方	李玉瓊編著	120元
㊲察言觀色的技巧	劉華亭編著	180元
㊳一流領導力	施義彥編譯	120元
㊴一流說服力	李玉瓊編著	130元
㊵30秒鐘推銷術	廖松濤編譯	150元
㊶猶太成功商法	周蓮芬編譯	120元
㊷尖端時代行銷策略	陳蒼杰編著	100元
㊸顧客管理學	廖松濤編著	100元
㊹如何使對方說Yes	程 羲編著	150元
㊺如何提高工作效率	劉華亭編著	150元
㊼上班族口才學	楊鴻儒譯	120元
㊽上班族新鮮人須知	程 羲編著	120元
㊾如何左右逢源	程 羲編著	130元
㊿語言的心理戰	多湖輝著	130元

⑤¹扣人心弦演說術	劉名揚編著	120元
⑤³如何增進記憶力、集中力	廖松濤譯	130元
⑤⁵性惡企業管理學	陳蒼杰譯	130元
⑤⁶自我啟發200招	楊鴻儒編著	150元
⑤⁷做個傑出女職員	劉名揚編著	130元
⑤⁸靈活的集團營運術	楊鴻儒編著	120元
⑥⁰個案研究活用法	楊鴻儒編著	130元
⑥¹企業教育訓練遊戲	楊鴻儒編著	120元
⑥²管理者的智慧	程　義編譯	130元
⑥³做個佼佼管理者	馬筱莉編譯	130元
⑥⁴智慧型說話技巧	沈永嘉編譯	130元
⑥⁶活用佛學於經營	松濤弘道著	150元
⑥⁷活用禪學於企業	柯素娥編譯	130元
⑥⁸詭辯的智慧	沈永嘉編譯	150元
⑥⁹幽默詭辯術	廖玉山編譯	150元
⑦⁰拿破崙智慧箴言	柯素娥編譯	130元
⑦¹自我培育・超越	蕭京凌編譯	150元
⑦⁴時間即一切	沈永嘉編譯	130元
⑦⁵自我脫胎換骨	柯素娥譯	150元
⑦⁶贏在起跑點—人才培育鐵則	楊鴻儒編譯	150元
⑦⁷做一枚活棋	李玉瓊編譯	130元
⑦⁸面試成功戰略	柯素娥編譯	130元
⑦⁹自我介紹與社交禮儀	柯素娥編譯	150元
⑧⁰說NO的技巧	廖玉山編譯	130元
⑧¹瞬間攻破心防法	廖玉山編譯	120元
⑧²改變一生的名言	李玉瓊編譯	130元
⑧³性格性向創前程	楊鴻儒編譯	130元
⑧⁴訪問行銷新竅門	廖玉山編譯	150元
⑧⁵無所不達的推銷話術	李玉瓊編譯	150元

・處 世 智 慧・電腦編號 03

①如何改變你自己	陸明編譯	120元
⑥靈感成功術	譚繼山編譯	80元
⑧扭轉一生的五分鐘	黃柏松編譯	100元
⑩現代人的詭計	林振輝譯	100元
⑫如何利用你的時間	蘇遠謀譯	80元
⑬口才必勝術	黃柏松編譯	120元
⑭女性的智慧	譚繼山編譯	90元
⑮如何突破孤獨	張文志編譯	80元
⑯人生的體驗	陸明編譯	80元

⑰微笑社交術	張芳明譯	90元
⑱幽默吹牛術	金子登著	90元
⑲攻心說服術	多湖輝著	100元
⑳當機立斷	陸明編譯	70元
㉑勝利者的戰略	宋恩臨編譯	80元
㉒如何交朋友	安紀芳編著	70元
㉓鬥智奇謀（諸葛孔明兵法）	陳炳崑著	70元
㉔慧心良言	亦　奇著	80元
㉕名家慧語	蔡逸鴻主編	90元
㉗稱霸者啟示金言	黃柏松編譯	90元
㉘如何發揮你的潛能	陸明編譯	90元
㉙女人身態語言學	李常傳譯	130元
㉚摸透女人心	張文志譯	90元
㉛現代戀愛秘訣	王家成譯	70元
㉜給女人的悄悄話	妮倩編譯	90元
㉞如何開拓快樂人生	陸明編譯	90元
㉟驚人時間活用法	鐘文訓譯	80元
㊱成功的捷徑	鐘文訓譯	70元
㊲幽默逗笑術	林振輝著	120元
㊳活用血型讀書法	陳炳崑譯	80元
㊴心　燈	葉于模著	100元
㊵當心受騙	林顯茂譯	90元
㊶心・體・命運	蘇燕謀譯	70元
㊷如何使頭腦更敏銳	陸明編譯	70元
㊸宮本武藏五輪書金言錄	宮本武藏著	100元
㊺勇者的智慧	黃柏松編譯	80元
㊼成熟的愛	林振輝譯	120元
㊽現代女性駕馭術	蔡德華著	90元
㊾禁忌遊戲	酒井潔著	90元
㊾摸透男人心	劉華亭編譯	80元
㊿如何達成願望	謝世輝著	90元
54創造奇蹟的「想念法」	謝世輝著	90元
55創造成功奇蹟	謝世輝著	90元
57幻想與成功	廖松濤譯	80元
58反派角色的啟示	廖松濤編譯	70元
59現代女性須知	劉華亭編著	75元
62如何突破內向	姜倩怡編譯	110元
64讀心術入門	王家成編譯	100元
65如何解除內心壓力	林美羽編著	110元
66取信於人的技巧	多湖輝著	110元
67如何培養堅強的自我	林美羽編著	90元

⑱自我能力的開拓	卓一凡編著	110元
⑳縱橫交涉術	嚴思圖編著	90元
㉑如何培養妳的魅力	劉文珊編著	90元
㉒魅力的力量	姜倩怡編著	90元
㉕個性膽怯者的成功術	廖松濤編譯	100元
㉖人性的光輝	文可式編著	90元
㉙培養靈敏頭腦秘訣	廖玉山編著	90元
㉚夜晚心理術	鄭秀美編譯	80元
㉛如何做個成熟的女性	李玉瓊編著	80元
㉜現代女性成功術	劉文珊編著	90元
㉝成功說話技巧	梁惠珠編譯	100元
㉞人生的真諦	鐘文訓編譯	100元
㉟妳是人見人愛的女孩	廖松濤編著	120元
87指尖・頭腦體操	蕭京凌編譯	90元
88電話應對禮儀	蕭京凌編著	120元
89自我表現的威力	廖松濤編譯	100元
90名人名語啟示錄	喬家楓編著	100元
91男與女的哲思	程鐘梅編譯	110元
92靈思慧語	牧　風著	110元
93心靈夜語	牧　風著	100元
94激盪腦力訓練	廖松濤編譯	100元
95三分鐘頭腦活性法	廖玉山編譯	110元
96星期一的智慧	廖玉山編譯	100元
97溝通說服術	賴文琇編譯	100元

•健康與美容• 電腦編號 04

③媚酒傳（中國王朝秘酒）	陸明主編	120元
⑤中國回春健康術	蔡一藩著	100元
⑥奇蹟的斷食療法	蘇燕謀譯	130元
⑧健美食物法	陳炳崑譯	120元
⑨驚異的漢方療法	唐龍編著	90元
⑩不老強精食	唐龍編著	100元
⑫五分鐘跳繩健身法	蘇明達譯	100元
⑬睡眠健康法	王家成譯	80元
⑭你就是名醫	張芳明譯	90元
⑮如何保護你的眼睛	蘇燕謀譯	70元
⑲釋迦長壽健康法	譚繼山譯	90元
⑳腳部按摩健康法	譚繼山譯	120元
㉑自律健康法	蘇明達譯	90元
㉓身心保健座右銘	張仁福著	160元

㉔腦中風家庭看護與運動治療	林振輝譯	100元
㉕秘傳醫學人相術	成玉主編	120元
㉖導引術入門(1)治療慢性病	成玉主編	110元
㉗導引術入門(2)健康・美容	成玉主編	110元
㉘導引術入門(3)身心健康法	成玉主編	110元
㉙妙用靈藥・蘆薈	李常傳譯	150元
㉚萬病回春百科	吳通華著	150元
㉛初次懷孕的10個月	成玉編譯	130元
㉜中國秘傳氣功治百病	陳炳崑編譯	130元
㉟仙人長生不老學	陸明編譯	100元
㊱釋迦秘傳米粒刺激法	鐘文訓譯	120元
㊲痔・治療與預防	陸明編譯	130元
㊳自我防身絕技	陳炳崑編譯	120元
㊴運動不足時疲勞消除法	廖松濤譯	110元
㊵三溫暖健康法	鐘文訓編譯	90元
㊸維他命與健康	鐘文訓譯	150元
㊺森林浴—綠的健康法	劉華亭編譯	80元
㊼導引術入門(4)酒浴健康法	成玉主編	90元
㊽導引術入門(5)不老回春法	成玉主編	90元
㊾山白竹（劍竹）健康法	鐘文訓譯	90元
㊿解救你的心臟	鐘文訓編譯	100元
51牙齒保健法	廖玉山譯	90元
52超人氣功法	陸明編譯	110元
54借力的奇蹟(1)	力拔山著	100元
55借力的奇蹟(2)	力拔山著	100元
56五分鐘小睡健康法	呂添發撰	120元
57禿髮、白髮預防與治療	陳炳崑撰	120元
59艾草健康法	張汝明編譯	90元
60一分鐘健康診斷	蕭京凌編譯	90元
61念術入門	黃靜香編譯	90元
62念術健康法	黃靜香編譯	90元
63健身回春法	梁惠珠編譯	100元
64姿勢養生法	黃秀娟編譯	90元
65仙人瞑想法	鐘文訓譯	120元
66人蔘的神效	林慶旺譯	100元
67奇穴治百病	吳通華著	120元
68中國傳統健康法	靳海東著	100元
71酵素健康法	楊　皓編譯	120元
73腰痛預防與治療	五味雅吉著	130元
74如何預防心臟病・腦中風	譚定長等著	100元
75少女的生理秘密	蕭京凌譯	120元

國家圖書館出版品預行編目資料

胎兒革命/鈴木丈織著；劉小惠譯
——初版，——臺北市，大展，民86
面；　　公分，——（婦幼天地；43）
譯自：胎兒革命—胎兒は何でも知つてぃる
ISBN 957-557-717-5（平裝）
1. 胎生
396.2　　86005787

胎兒革命　　ISBN 957-557-717-5

原著者/鈴木丈織
編譯者/劉　小　惠
發行人/蔡　森　明
出版者/大展出版社有限公司
社　址/台北市北投區（石牌）致遠一路2段12巷1號
電　話/（02）8236031・8236033
傳　真/（02）8272069
郵政劃撥/0166955-1
登記證/局版臺業字第2171號
承印者/國順圖書印刷公司
裝　訂/嶸興裝訂有限公司
排版者/弘益電腦排版有限公司
電　話/（02）5611592
初版1刷/1997年（民86年）5月

定　價/180元

大展好書 好書大展

大展好書 好書大展